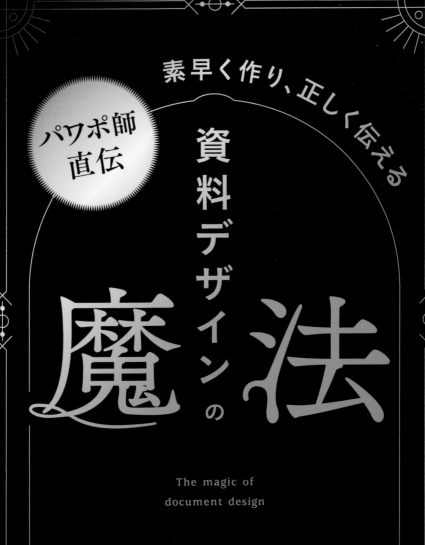

パワポ師
直伝

素早く作り、正しく伝える

資料デザインの

魔法

The magic of
document design

パワポ師
堀 裕紀

はじめに

　私にとって資料は武器であり、信頼できる相方です。私自身は話すことが苦手ですが、資料があることによってうまく話せなくても安心して自信をもって楽しく話をすることができます。あなたにとっての資料とは何でしょうか。

　いまは無料で使える資料作成ツールや、素材などがたくさんあります。さらに、今後はAI（Microsoft Copilot）の実装が発表されるなど、資料作成の負担はどんどん減りつつあります。しかし、ツールは進化しても「どこから手をつければいいかわからない」「どうしても見にくく伝わりづらいスライドになる」「手戻りが多く、なかなか作業が終わらない」といった悩みは尽きません。

　その原因は資料作成の基本の流れを意識できていないことだと考えています。いきなり資料の清書を始めてしまう。思いつきでスライドを増やしていく……時間が経つにつれて資料を作ることが目的になってしまい、本来の役割を果たせない資料が出来上がってしまうのです。

　資料デザインの魔法。資料デザインとは、資料を作成する目的からそのプロセス、見栄えを整え、どのように扱うか考えるところまでを含めた、一連の流れのことを指します。

　大切なことは、このステップを意識して各ステップで必要なことをマスターしていくことです。本書では、資料作成のステップを「魔法」と位置づけ、資料を作る目的からはじまり、ステップ（魔法）ごとに基本を解説していきます。

　基本を理解すればさらに深堀りしていきたい領域が見えてきます。構成を鍛えるのか、デザインを習得するのかで、さらなる発展が待っています。

　本書を通して、資料作成の基本を身に付けていただき、あなたが作る資料が最高の相方となるきっかけになれば幸いです。

2023年10月

堀　裕紀

Contents

はじめに ……………………………………………………………………… 3

目次 …………………………………………………………………………… 4

特典について ……………………………………………………………… 8

PowerPointの画面構成 ………………………………………………… 9

本書の構成 ………………………………………………………………… 10

Chapter 0 資料作成の考え方
魔法を使う心得
11

01 本書の目的 ……………………………………………………… 12

02 よい資料とは何か ………………………………………………… 14

03 資料のわかりやすさのポイント ………………………………… 16

Chapter 1 資料作成前の準備
価値を高める魔法
19

01 失敗しない資料作成のステップ ……………………………… 20

02 依頼者に必要な資料チェックの心得 ………………………… 22

03 資料の目的を決める ……………………… 26

04 情報を整理する ……………………………… 32

05 資料の使い方を考える …………………… 38

Chapter 2
スライド設計
流れを作る魔法
45

01 魔法の型に入れる下準備をする ……… 46

02 魔法の型を使えば構成が見えてくる ……… 52

03 スライドのレイアウトで流れを考える ……… 62

column 主張を伝える「メッセージ」 …………… 82

Chapter 3
資料デザインの基礎
わかりやすく整える魔法
83

01 デザインの魔法はいる？　いらない？ …………… 84

02 全体を整える「統一感」の魔法で見やすさを確保 · 88

03 まとめてそろえて魔法の資料の構造を見せる …… 118

04 大事なところを大事だと伝える ……… 130

05 「動かす」魔法は最低限に ……………… 136

column 表現力を上げる近道？ …………………… 138

Chapter 4

作り込みの準備
素早く作る魔法
139

01 よく使う機能で作るオリジナルメニュー
　　クイックアクセスツールバー …………………………………… 140

02 資料の良し悪しの9割はテキストの扱い方で決まる … 146

03 図形を扱いやすくする小さな魔法あれこれ ………… 156

04 繰り返しの魔法スライドマスターを使いこなす … 168

05 スライドマスターの魔法を作る ……………………… 174

column PowerPointでできること ………… 184

Chapter 5

コンテンツの表現
正しく見せる魔法
185

01 テキストの魅せ方 ………………………………… 186

02 吹き出しの魅せ方 ………………………………… 196

03 矢印の使い方 ……………………………………… 206

04 アイコンの魅せ方 ………………………………… 210

05 箇条書きの魅せ方 ………………………………… 218

06 図解の魅せ方 ……………………………………… 222

07 グラフの魅せ方 …………………………………… 226

08 表の魅せ方 ···························· 236

09 画像の魅せ方 ·························· 242

column コピペで簡単投稿 ·············· 246

Chapter

6

全体を整える
魔法を使ったスライド例

247

01 デザインを統一する重要性 ············ 248

● Sample01 サービス紹介 ··········· 250

● Sample02 会社説明会 ············· 256

● Sample03 大学説明会 ············· 262

● Sample04 資料作成講座＆SNS ······ 268

● Sample05 企画プレゼン ··········· 274

● Sample06 イベントメンバー募集 ······ 280

● Sample07 アプリ紹介 ············· 286

● Sample08 サービス紹介 ··········· 292

● Sample09 商品リリース ··········· 298

特典について

　本書をご購入いただいた皆様に、資料作成の基本要件シート、手書きシート、パワポパーツ集、ショートカットキー一覧を購入特典として提供します。ダウンロードにはCLUB Impressの会員登録が必要です（無料）。

　会員ではない方は登録をお願いいたします。

本書の商品情報ページ
https://book.impress.co.jp/books/1122101187

特典を利用する

① 上記URLを参考に、商品情報ページを表示し、❶［特典を利用する］をクリックします。

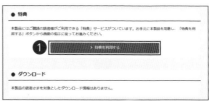

② ❷［会員登録する（無料）］から登録を進めます。

③ 再度ログインして、❸ 質問の回答を入力し、❹［確認］をクリックします。

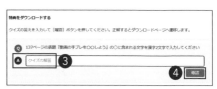

④ ダウンロード画面が表示されるので、ダウンロードするファイルを選んで❺［ダウンロード］をクリックします。

※ 画像はイメージです

PowerPointの画面構成

PowerPointの画面構成と名称を簡単に解説します。これらの機能を使って
p.14以降のスライドを作成していきます。

❶ リボン
PowerPointのさまざまな機能がここに収納されています。

❷ サムネイルペイン
開いているスライドのサムネイルが表示されます。

❸ スライドペイン
いま開いているスライドが表示されます。

❹ 作業ウィンドウ
図形・背景・アニメーション・選択の作業ウィンドウが表示されます。

本書の構成

本書は、0章から順を追って学んでいただく構成になっています。
各ステップにおける資料作成の悩みとその解決法を解説しています。

何を作る
か決めて

悩み 内容がまとまらずに作る手が止まる、内容にダメ出しされる

▶ **Chatpter 0 &1** 基本の考え方と基本の構成を押さえる

どう伝えるか
を考えて

悩み スライドへの落とし込み方がわからない

▶ **Chapter 2** 資料／スライドの役割を把握する

悩み センスがないけど、手っ取り早く見た目を整えたい

▶ **Chapter 3** 最低限のデザインルールを知っておく

悩み PowerPointをうまく使えていない気がする

▶ **Chapter 4** PowerPointの効率化は事前準備が9割

資料に
落とし込む

悩み 内容の表現を考えるのに時間がかかる

▶ **Chapter 5** コンテンツを「正しく見せる方法」を知る

悩み シンプルに作るとどうなるの？
参考にできるものはない？

▶ **Chapter 6** スライド1枚にこだわるのではなく、全体を見る

Chapter

0

資料作成の考え方

魔法を使う心得

よい資料とはどんなものですか？　どんな資
料が作りたいですか？　本書で伝える資料
作成の基本の魔法が効果的に使えるように
イメージしておきましょう。

本書の目的

魔法を使う心得

　ちょっと学ぶだけで圧倒的に質が上がる資料作成術。そんな魔法は存在しません。ここで紹介する魔法は、普段の資料作成をよりよくするための小さな魔法です。その魔法の積み重ねがよりよい資料を生み出します。

　簡単に資料を作る魔法といえば、AIを使ってプレゼン資料が生成されるツールがあります。確かに「作る」という観点からは非常に画期的なツールだとは思います。

　一方で資料を見せられる側から考えるとどうでしょう？　自動生成された当たり障りのない資料に、あなたは価値を感じますか？

　本来、資料は「思いを伝えるツール」です。そこに思いが込められていなければ、何の意味もありません。自動生成で済ませることができる資料作成ならば、その資料自体をなくしたほうがよいでしょう。

　ただ、AIを全否定するわけではありません。最初の取っ掛かりとしてヒントを得るには非常に役立つツールです。上手に向き合っていきたいと私も思っています。

　そこで頭に入れておきたいポイントは「そもそもよい資料とは？」というところです。

　ゼロから自力でよい資料を作れる人は、AIを使ってもよい資料ができるでしょう。一方でよい資料のコツを知らない人はAIを使っても当たり障りのない量産型の資料しか作れないでしょう。

◯ ターゲットとする資料とは

　本書では、資料作成に必要な最低限の要素を凝縮して紹介します。正直なところ、一度読むだけで資料作成が上達するとは思っていません。ただ、普段の資料作成業務を行う際に、この本の内容を一つずつ実践していけば、いずれは資料作成について悩むことが少なくなると信じています。

　本書が資料作成に悩むすべての人の解決のヒントになることを願っています。本書でターゲットとする資料は、普段の現場で使う資料です。日々の資料作成をすべて外注できれば、華やかでグラフィカルな資料が手に入ります。ですが、予算などの関係上、それができない現場を多く見てきました。現場で必要なのは華やかでグラフィカルな資料ではなく、「シンプルで価値ある資料をいかに早くわかりやすく作れるか」というコツです。

　本書で紹介する資料作成のポイントは以下の通りです。

・短時間で作れるテクニック
・それでも、価値ある資料にするためのコツ
・さらにデザインをほんの少し追加したいときのポイント

●ターゲットとする資料

よい資料とは何か

魔法を使う心得

　当然、資料を作るのであれば「よい資料」になるようにしたいですよね。では、聞きます。あなたにとって「よい資料」とは何でしょう？

・見やすいもの？
・デザインがきれいなもの？
・手間をかけずに作られたもの？
・内容が詰め込まれたもの？
・文字が大きくビジュアルメインなもの？

　周りの方にも聞いてみてください。まったく同じ意見はないはずです。
　それもそのはず、イメージしている資料の使い方がみんなそれぞれ異なっているからです。

・資料にデザインは不要だ
・資料はきれいに整えるべきだ
・資料にアニメーションは不要だ

　資料に関してさまざまな論争がありますが、私が思うにすべて正解ですべて間違いです。デザインやアニメーションは「場合による」ことが多いのです。
　私が考える本当によい資料とは、
「早く作れて、わかりやすい、目的が達成される資料」

その目的を達成するためには「デザインが必要か？　アニメーションが必要か？」を考えていきましょう。資料だけを見るのではありません。本来の目的を見据えて、資料がツールとして最適な役割を果たす「よい資料」になるように作りましょう。

○　早く作って時間の節約

資料を早く作るには、まず資料を作る目的を明確にする必要があります。何を作るか悩んでしまうと時間がかかってしまいます。何を作ろうと悩む時間は、しっかりと構成を考える時間にあてましょう。そしてもちろん、実際に資料を作るソフトを使うことに慣れているかどうかも重要です。ただ単に操作ができるだけでなく、機能をしっかり把握し、使い方を工夫することで、同じ資料でも作成スピードは大きく変わってきます。同じ資料なら、3時間かけて作るよりも1時間で完成させるほうがよいですよね。

○　わかりやすく伝えて行動してもらう

資料を作成する際には、必ず読んでいただく、または見ていただく相手がいますよね。その相手に、できるだけ早く理解してもらうことが資料として非常に重要です。伝わりやすい構成や理解しやすいシンプルなデザイン、誤解を与えない表現を心がけましょう。相手が迅速に理解することによって、求める行動を促しやすくなります。

資料のわかりやすさの
ポイント

　資料のわかりやすさには2つの側面があります。1つ目は「意味を理解する」ということです。資料は中身を理解してもらわなければ意味がありません。そのためには、相手が素早く理解できるかどうかが重要です。例えば、全体像を示したり必要な情報を絞り込んだり、相手に合わせて専門用語を使うかどうかを判断します。また、情報を整理することも必要です。単に情報を羅列するだけでは、情報の関係性がわかりにくくなります。そのために、グラフや箇条書きなどを活用して情報を表現します。

　2つ目のわかりやすさは「意義を理解する」ということです。一つ一つの情報の意味を理解した後、それが論理的につながっているかどうかも重要です。スライドの流れがつながっていなければ、単独のスライドの意味を理解したとしても全体の意味を把握することはできません。最後には、相手が資料を受け取った後に具体的に何をすればよいのかを理解できるようにしておくことが大切です。

●わかりやすさの２つのポイント

○　話す人、見る人によって変わる資料内容

　資料作成において最も難しい部分は、伝える内容が話す人によって大きく変わるということです。「がんばって作ったから伝わる！」というものではありません。資料を作った人が必ずしも話す人になるとは限らず、整然とまとめられた資料が用意されていても、話す人によって伝え方は異なります。資料は考えられて表現されていますが、実際に書かれている内容が話す人が本当に思っていることでなければ、適切に伝わりません。

　同様に、読む人や見る人によっても感じ方は異なります。同じ資料を見ても、立場や状況、境遇が異なれば、出てくる感想もまったく異なるものになります。

　この点を理解した上で、誰が話すのか、誰に見せるのかを意識しながら資料作成を行うと、より伝わる資料が作れるでしょう。

○　更新することで価値が上がる

　特に営業資料など使い回しが前提となる場合は、一度作成したらそれで

終わりというわけにはいきません。実際に使用しながら相手の反応を観察し、伝わりやすかった部分や伝わりにくかった点を把握していきます。それらを踏まえて資料を更新していくことで、より価値のある資料として進化させることができます。

　資料を見直す手間はかかりますが、より価値のある資料にするためには必要な作業です。

○　資料が必要ない場合もある

　本書では資料作成について書いていますが、私自身はすべてを資料にすることが必ずしもよいとは考えていません。

　資料作成には時間がかかるというデメリットがあります。**資料を作成するかどうかは、資料を使って実現する目的によって判断すべき**です。口頭で伝えられる話やメール、チャットなどで十分な場合には資料を作成する必要はありません。例えば社内で単純な報告をする場面では、データをグラフ化して PowerPoint に貼り付ける代わりに、Excel のまま話すことでも十分です。

　資料作成のメリットはイメージを共有しやすくすること、似たような場面で使い回しができること、そして情報を記録として残しておけるという点です。広い範囲では、メモを残すことやノートをとること、ホワイトボードを使った説明も資料作成の一つであると考えています。

　資料作成はとても楽しいものですが、目的に合ったものを作成することが重要です。記録として残すことが必要な場合でも、状況により「情報の羅列のみ」「ちょっと整えるだけ」など作り込みの度合いも変わってきます。適切に判断しながら、資料作成に取り組んでいきましょう。

資料作成前の準備

価値を高める魔法

資料を作る前に必要なのは、何のために、どのように作るかを決めることです。一番大事な基本で意外と忘れ去られがちな「資料作成」の考え方を知りましょう。

失敗しない資料作成の
ステップ

価値を高める魔法 ─────────

◯ 資料作成がうまくいかない原因

　さて、実際に資料を作るとなったとき、あなたはどうしますか？　多くの場合はPowerPointや、ほかのプレゼンツールを立ち上げて作り始めるでしょう。PowerPoint等のプレゼンツールは進化し、いろいろなことができるようになりました。工夫次第では、ほかとは異なる唯一無二の資料を作ることができます。しかし、ここに大きな落とし穴があります。あまりにも自由にいろいろなことができるので、「何をすればよいかわからない」「デザインや見た目にこだわって内容がちゃんと考えられていない」といった問題が出てくるのです。

　資料作成が苦手な人は資料作成のステップを考えずに、本来踏むべき手順を飛ばしてしまっているのです。

◯ 資料作成の基本ステップ

　資料作成の基本ステップは大きく分けると「決める」「考える」「作る」の3つになります。たかが資料と思われがちですが、価値のない資料はゴミ同然です。何を伝えたいのか、何が書いてあるのかわからないような資料であれば作るだけ時間の無駄でしょう。一方で、基本のステップに従っ

て作り込まれた資料はたとえデザインがいまいちだとしても、相手の行動を促すよい資料になります。

● 資料作成の基本ステップ

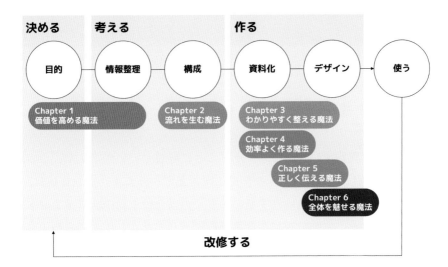

日々、大量生産する資料に時間をかけられないこともわかりますが、その1枚の資料が、何百万、何千万もの契約につながるきっかけになるとしたらどうでしょう？

すぐにPowerPointを立ち上げて資料を作っているのであれば、一度閉じて、時間をかけて最初のステップから進めてみましょう。

最初は時間がかかりますが、慣れれば自分のやり方へと昇華して早く作ることができるようになります。

本書では各ステップについてポイントを解説しているので、参考にしてください。

Chapter 1

02

依頼者に必要な
資料チェックの心得

価値を高める魔法

⭕ 資料作成の隠れた落とし穴

　この先、資料作成についてステップごとに解説していきますが、その前に意外な落とし穴になるところを先に押さえておきます。資料作成は、1人ですべてを進めるとは限りません。多くの場合は上司やクライアント等の「依頼者」と、実際に資料を作る「作成者」が存在します。複数人で資料を作り上げていくには、資料のチェック方法や完成までのスケジュールをしっかりと共有する必要があります。特に**作成側がよりよい資料を作り出すには、依頼側の協力が不可欠**です。そこで、ここでは自身が「依頼者」になった場合を想定して、資料チェックのタイミングとチェック内容を解説します。

⭕ 依頼者が資料をチェックするタイミング

　依頼者が資料をチェックするタイミングについて考えてみましょう。資料作成では、依頼者と作成者が相談や確認を逐一行えるのが理想的です。しかし、多忙な業務の中では細かいチェックに時間を割くことが難しいこともあります。そのため、資料作成のステップの合間にチェックするタイミングを設けて、作成者と情報を共有しましょう。

●資料チェックのタイミング

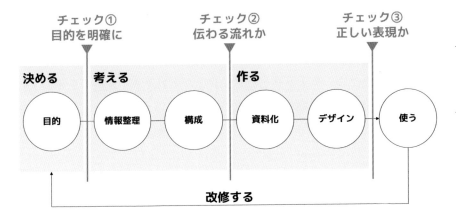

　チェック時間が制約されている場合でも、最低3回はチェックすること
をおすすめします。最初のチェックは、**資料作成を依頼するとき**です。こ
こで、資料の目的をしっかりと共有しましょう。単に資料を作成してほし
いというだけでなく、**なぜその資料が必要であり、誰に見せるのか、どの
ような目的で使用するのかを明確にします。**

　2回目のチェックは、**実際に資料を作り込む前**です。**資料で伝えたい内
容や話の流れを確認**します。ここでのチェックにより、スライドに反映さ
せる前に修正が必要な箇所を見つけることができます。この段階で時間を
割いて内容のすり合わせを行うことで、後でスライドを作り直すために何
時間も無駄にすることを避けられます。

　3回目のチェックは、**資料の作成後**です。スライドに落とし込んだ**情報
が正しく表現されているか、わかりやすいかを確認**します。

　依頼者は、作成者にただ「資料を作ってください」と投げるのではなく、
目的を共有し、適切なタイミングでチェックすることによって、無駄な時
間をなくせます。これが、依頼する立場となる人の責任です。

⭕ チェック内容の重要度

　チェック時の最も大切なポイントは重要度です。資料の作成側にも時間の制約があるため、**チェックしたポイントがどれぐらい重要かを示しておくことで、変更の優先順位が判断できます。**「実は優先順位が低いコメントだった」チェックに何時間も頭を悩ませて作業してしまうようなことがないように、以下の3つの重要度も作成者へ伝えましょう。

●重要度A：伝わらない、もしくは意図が違う場合の変更

　伝わらなければ意味がないので、根本的な変更になります。ここに注力できるようにしましょう。多くの場合は、載せる情報が違う場合や図解の意図が違うことが多いです。

●重要度B：内容は正しいが、よりわかりやすく伝えるための変更

　グラフの表現を変えたり、箇条書きを図解に落とし込んだりするなど、「もう一歩」力を入れる変更になります。

●重要度C：変更しても伝わり方に大きな影響はない、好みの問題での変更

　意外と多いのが「好み」のチェックです。色や線の太さなど、細かい変更をする場所です。デザイン的に重要な箇所であれば変更をすべきですが、日常使いの資料でそこまで必要かどうかはチェックする側としても「ただ好きだから」はグッとこらえるようにしましょう。

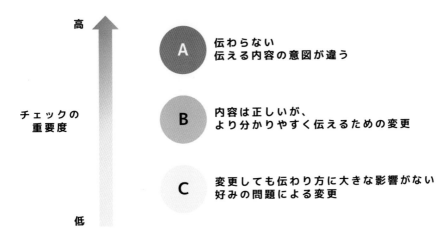

●チェックの重要度

高

A 伝わらない
伝える内容の意図が違う

チェックの
重要度

B 内容は正しいが、
より分かりやすく伝えるための変更

C 変更しても伝わり方に大きな影響がない
好みの問題による変更

低

「どんな重要度で、何をどうすればよいか」

　作成する側も時間に制約があるため、これらの重要度を考慮することで、資料作成の優先順位をつけることができます。どの項目についてどのような内容を変更するのか、それに対する重要度はどれぐらいかを明確にチェックするのがよいでしょう。

03 資料の目的を決める

価値を高める魔法

◯ 忘れ去られがちな目的

　3つのステップの中で一番おろそかにされがちなステップ、それが「目的を決める」ということです。「その資料の目的は何ですか？」この問いに答えられない場合が非常に多いです。最初にちゃんと考えたつもりでも、作成に入った途端に忘れてしまったり、作成者とチェックする人が複数人いる場合は、この目的が共通化されていないがために「作り直し」が発生するときもあります。

●資料作成の基本ステップ：目的

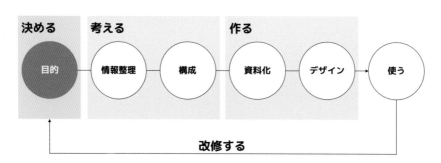

　目的が明確になっていれば、どこまで作り込むべきか、何を入れ込むか

が明確になり、より伝わる構成にかける時間を確保することもできます。
とはいえ、何もない状態から目的を決めるのはなかなか困難でもあります。
　なので、この魔法の問いを送ります。

その資料は
誰に何をしてもらうためのものですか？
そのために、どんな情報を、どんなふうに伝えますか？

　もちろん、考えただけでは意味がありません。どんなに資料作成に慣れ
ていたとしても、目的をずっと頭に置きながら資料作成をするのは困難で
す。
　ですので、目的を決めたらすぐに記録に残しておくようにしましょう。
作成途中で行き詰まったときに見返すのもよし、組織内で共有して資料の
フィードバックに役立てるのもよし。資料の目的を決める基本フォーマッ
トを用意したので、ぜひご活用ください。

●資料の要件定義シート

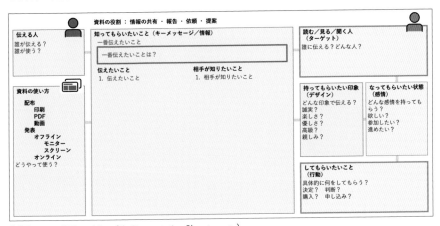

（ダウンロードファイル：01_PresentationSheets.pptx）

○ 誰に対しての資料？

　資料は、見る人が違えば、伝わり方や感じ方も変わってきます。より効果的で価値のある資料にするためには、**誰に伝えるのかを明確にする**必要があります。単にターゲットを決めるだけでなく、そのターゲットが何を期待しているのか、どれぐらいの知識レベルを持っているのかなど、詳細に定めることが重要です。相手をしっかりと見極めないと、「私が聞きたいのはそれじゃない」という的外れな資料になってしまいます。この先の目的にも大きな影響を与えるので、ここをしっかりと考えるようにしておきましょう。

●まずはターゲットを決める

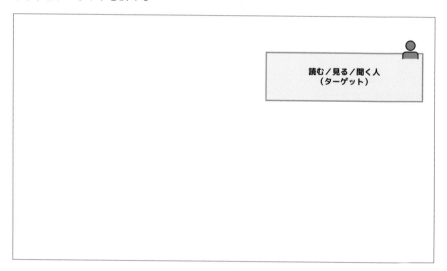

○ 何をしてもらいたい？

　次に必要なのは、**相手に何をしてもらいたいか**ということです。例えば、相手に判断をしてもらいたいのか、行動を起こしてもらいたいのか等です。資料を受け取った相手が「何を求められているのだろう」「何をすればよいのだろう」という状態にならないように注意しましょう。

　資料を見た相手が何をすべきか、何を期待されているかを明確に伝えるために資料に落とし込んで相手に示すこともできます。これによって、相手は目的を理解し、適切な行動をとることができます。

●何をしてもらいたいかを決める

○ 資料の4つの役割

「何をしてもらいたいか」を決めた後、相手の気持ちや状況に応じて変わる資料の役割について把握しておきましょう。以下に具体的な役割を説明します。

●資料の役割別難易度

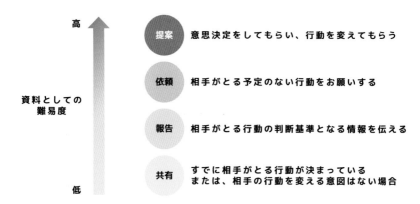

① 情報の共有

これは相手がすでに行動内容を知っていたり、相手の行動を変える意図がない場合に該当します。主に事実を伝えることが目的です。

② 報告

進行中のプロジェクトの状況を伝え、方向性を決める判断材料として活用する場合に用います。事実に加えて、自分の見解や意見も示していきます。

③ 依頼

　もし負担の少ないお願いであれば、単に行動のわかりやすさが求められます。しかし、負担やデメリットが発生する可能性がある場合は、行動の理由や目的を明確に伝える必要があります。

④ 提案

　これは資料において最も多いパターンですが、同時に最も難しいものでもあります。提案では、事実をわかりやすく伝えるだけでなく、相手が納得し、行動してくれるような構成を考える必要があります。相手視点での説明や利点の強調が重要です。

　相手の気持ちや状況に応じて資料の役割を適切に選択し、内容を伝える際には事実だけでなく自分の見解や目的を明確にすることも重要です。相手が納得し、行動に移してくれるような資料の役割と構成が考えられるようにしましょう。

情報を整理する

価値を高める魔法

◯ 何を知ってもらいたい？

　誰に何をしてもらいたいのかが決まったら、次に必要なことは、**相手に行動を促すために必要な情報は何なのか**を考えることです。最初の段階では、特に構成にこだわらず、伝えたい内容をリストアップしましょう。

●知ってもらいたいことを決める

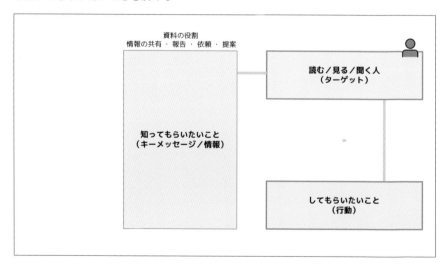

資料の役割
情報の共有 ・ 報告 ・ 依頼 ・ 提案

知ってもらいたいこと
（キーメッセージ／情報）

読む／見る／聞く人
（ターゲット）

してもらいたいこと
（行動）

●情報整理のポイント

情報整理の
ポイント

1.キーメッセージを決める

2.情報をひたすら出す

3.事実と解釈を分ける

4.相手に合わせた情報にする

① キーメッセージを決める

　キーメッセージとは、「一番伝えたいこと」です。キーメッセージには、主張（行動 / してもらいたいこと）とその根拠を含めるようにしましょう。具体的には、**「Aなので (根拠)、Bしましょう (主張 / 行動)」** という形式です。

　時間の制約がある場合、キーメッセージだけを伝えることで、相手が行動に移りやすくなるのが理想的です。キーメッセージが決まったら、詳しい根拠や証明、補足する内容をリストアップしていきます。これによって、キーメッセージを裏付ける情報を提供できます。

② 情報をひたすら出す

　資料は目的を達成するためのコミュニケーションツールですので、自分が伝えたい内容ばかりを挙げていくことは避けましょう。とはいえ、どうしても「伝えたいこと」がメインになってしまいがちです。最初の段階では、情報をひたすら出す際に必要な視点を分ける3つのポイントを意識していきましょう。

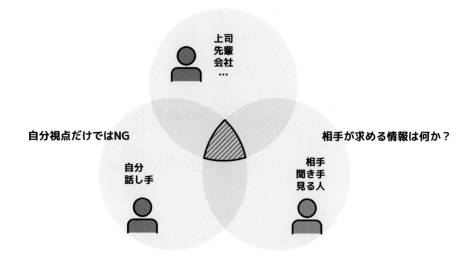

　1つ目は、**自分視点で情報を出す**ことです。自分が何を伝えたいのかを考えます。

　2つ目は、組織内で資料を作成する場合の視点です。**上司や先輩の立場や会社などの組織として何を伝えるべきか**を考えます。

　一番大事な3つ目は、資料を受け取る相手の視点です。**相手が何を求めているのか、何が知りたいのか**に集中して情報を出していきます。事前に決めたターゲットのプロフィールを意識し、情報を収集していきましょう。

　相手がどのような人であり、どのような知識を持っているのかを考慮します。専門知識を持つ人には基本的な説明は不要ですが、初めて聞く人には丁寧な基礎説明が必要となる場合もあります。基本的な知識がないまま話を進めてしまい、「結局何を言っているのかわからなかった……」とならないように注意しましょう。

　情報をひたすら出す際に重要なことは、否定しないことです。最終的には情報の取捨選択が必要ですが、最初の段階では手元に用意できる情報や

考えられる情報をすべて列挙します。どの情報を用意できるか、どの情報を考えることができるかをリストアップしていきます。ここでは、この情報は不要である、必要ないといった判断はせず、すべての情報を考慮します。

③事実と解釈を分ける

わかりにくい資料の特徴の一つは、事実と解釈が混同されていることです。事実とは、どの人が見ても同じ内容と認識できる情報のことを指します。例えば、グラフのデータや数字は事実です。一方、解釈は人や状況によって異なる可能性がある情報です。

●人によって解釈が異なる

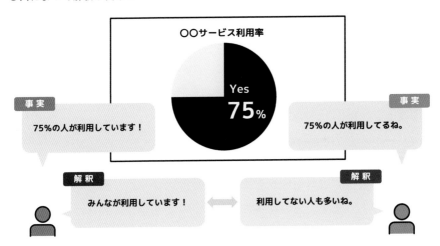

理想的な資料では、事実と解釈がバランスよく含まれていることが望ましいです。事実のみが多い場合、「結局何が言いたいのか？ それから何をすればいいのか？」という疑問が生じます。一方、解釈が多い場合、「私はそうは思わない。それはあなたの主観ですね」となります。

資料をわかりやすくするためには、**事実を明確に伝えると同時に、自身の解釈を共有し、相手に共感を得る**ことが重要です。共感を得るためには、その解釈に対する状況説明や裏付けデータ等の根拠も必要になる場合があります。相手が共感した上で行動に移してもらえるような内容にするために、事実を正確に伝えるだけでなく、解釈を適切に伝えることも大切です。

④ 相手に合わせた情報にする

　相手の知識レベルに応じて、情報の伝え方を変えます。専門知識が豊富な人には専門用語を使用しても理解してもらえますが、初めて聞く人に対しては、専門用語や業界用語などをわかりやすい一般的な言葉に置き換える必要があります。

　また、相手が求める行動に対して否定的な回答をすることが考えられる場合は、その理由となる要素を考慮し、その理由を解消できる情報も提供することが最善です。相手の疑問や懸念を解消して、行動への抵抗を減らせます。

　特に気をつけたいことは、資料の本編にはなくてもよい「念のために伝えておく情報」の扱いです。多くの場合、「念のための情報」は相手にとっても不要で、資料やプレゼンテーションのメリハリがなくなってしまう可能性があります。思い切って削除したり、本編から外したりして、補足資料として資料の最後にまとめましょう。

● 情報の重要度

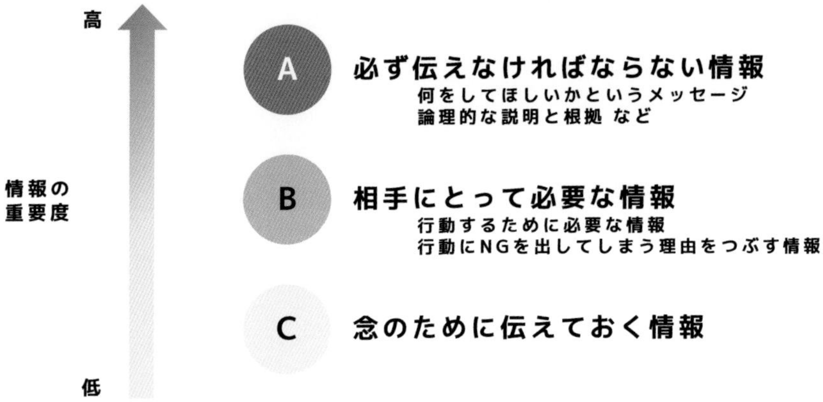

高

情報の
重要度

A 必ず伝えなければならない情報
何をしてほしいかというメッセージ
論理的な説明と根拠 など

B 相手にとって必要な情報
行動するために必要な情報
行動にNGを出してしまう理由をつぶす情報

C 念のために伝えておく情報

低

資料の使い方を考える

価値を高める魔法

◯ どうやって使う？

●誰がどうやって使うのかを考える

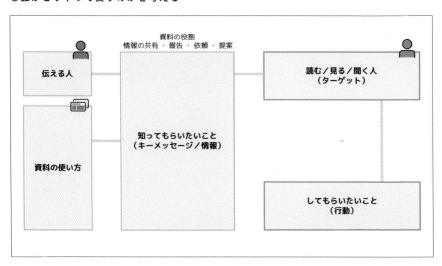

資料の役割
情報の共有・報告・依頼・提案

伝える人

資料の使い方

知ってもらいたいこと
（キーメッセージ／情報）

読む／見る／聞く人
（ターゲット）

してもらいたいこと
（行動）

◯ 資料とのかかわり方

　知ってもらいたいことを考えた後は、その**資料をどのように使用するか**を考えていきます。資料はさまざまな使い方があります。印刷して配布す

るのか、プロジェクターでスクリーンに映すのか、Web会議でモニターに映すのかなどです。資料の使い方によって、作成時に気をつけるポイントが異なってきます。

　例えば、読んでもらうために文字を多く含んだ配布資料をプロジェクターでスクリーンに映すと、非常に見えにくい資料になってしまいます。また、アニメーションは表現方法によっては非常に効果的ですが、PowerPointに慣れていない人が話す場合、逆にアニメーションがあると混乱してしまうことがあります。話し手の習熟度に合わせてアニメーションの有無を判断することも重要です。

　資料を使う場面や媒体に合わせて、適切な表現方法や配信形式を選び、相手が効果的に情報を受け取れるように配慮しましょう。

●資料のかかわり方と資料のタイプ

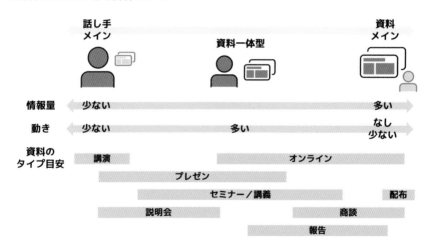

また、発表資料であっても、**その資料の使い方によって作り方が大きく変わってきます**。ポイントは、話し手か資料のどちらを主役に据えるかということです。プレゼンテーションや舞台で話をする場面を想像すると、

多くの人が話し手を主役と考えるでしょう。この場合、資料は話し手の補助という役割を果たします。過度なアニメーションは控え、資料の内容も読まずに見ただけでわかるようなシンプルなものにする必要があります。資料の情報が過剰だと、相手は資料に目が行き、話し手に注目することができません。

　一方、主役が資料となる場面では、話す人がいなくても資料を読めば詳細がわかるような配布資料が挙げられます。実際にどの場面でどのように使用されるかを意識し、その場面で最も見やすく理解しやすい資料の作り方に心を配る必要があります。

　資料の使い方によって話し手と資料の役割が異なるため、目的や使用状況を考慮して資料を適切に設計しましょう。主役となる要素に焦点を当て、聴衆や読み手が効果的に情報を受け取れるように工夫しましょう。

◯　どんな気持ちを持ってもらう？

　さらに、効果的な資料にするためには、その**資料を使用した後に相手にどのような気持ちになってもらいたいか**を決めていきます。例えば、提案資料の場合は相手が購入してみたいという気持ちになっていることを期待するかもしれません。一方、報告書の場合は進捗に対して理解し、次に進める気持ちを持ってもらうことかもしれません。

　ここで、持ってもらいたい気持ちを設定することにより、伝える内容にどのような印象を与えるかを考慮することが重要です。印象によってメッセージや構成が大きく変わってきます。また、グラフの表現においても、強調するポイントなどの見せ方が大きく異なる場合があります。

　資料を作成する際は、相手にどのような気持ちを抱いてもらいたいのかを明確にし、それを参考にメッセージや構成を選択してください。目的に合わせた印象を与えることで、資料の効果を高めることができます。

● 行動をとってもらうために必要な状態を考える

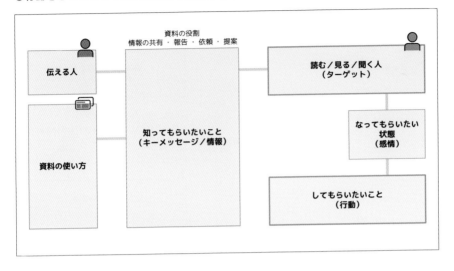

◯ どんな第一印象を持ってもらう?

　最後に、**持ってもらいたい第一印象の方向性**について考えていきましょう。例えば、社内の報告ではこだわったデザインは必要ありません。しかしクライアントに提出する場合は、ちょっとした報告資料でもある程度整えたものにするのか、切り貼りしたやっつけ感を出すのかで相手の第一印象は大きく異なります。一般的には、ある程度整えたほうが誠実さや信頼感を伝えることができるでしょう。ただし「相手のために急いで作りました!」という場合は速度を優先する必要があり、切り貼り感があっても問題ない場合もあります。

●資料を見たときに持ってもらいたい第一印象

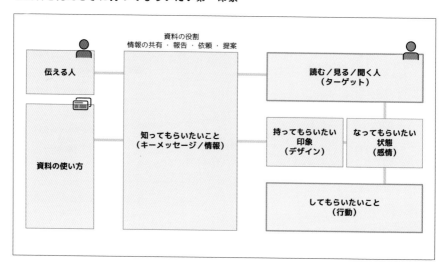

　また、先に決めた「持ってもらいたい気持ち、なってもらいたい状態」に関連する印象の方向性も決めておきましょう。誠実さや優しさ、楽しさといった印象です。日々の資料作成では凝ったデザインにする必要はありませんが、資料の見た目からどのような印象を与えたいかを意識しておくことで、本書で紹介するちょっとしたあしらい表現を活用することも可能です。

参考 「資料の要件定義シート」

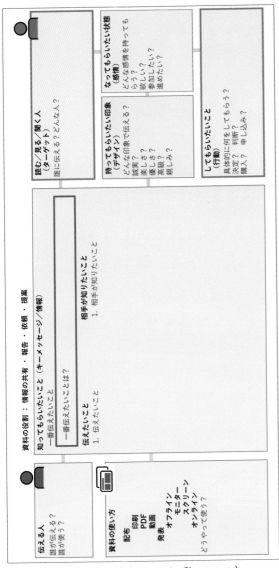

資料の役割：情報の共有・報告・依頼・提案

知ってもらいたいこと（キーメッセージ／情報）
一番伝えたいこととは？

相手が知りたいこと
1. 相手が知りたいこと

伝えたいこと
1. 伝えたいこと

読む／見る／聞く人
（ターゲット）
誰に伝える？どんな人？

持ってもらいたい印象
（デザイン）
どんな印象で伝える？
誠実さ？
楽しさ？
優しさ？
高級？
親しみ？

なってもらいたい状態
（感情）
どんな感情を持ってもらう？
欲しい？
参加したい？
進めたい？

してもらいたいこと
（行動）
具体的に何をしてもらう？
決定？判断？
購入？申し込み？

伝える人
誰が伝える？
誰が使う？

資料の使い方
配布
　印刷
　PDF
　動画
発表
　オフライン
　モニター
　スクリーン
　オンライン
どうやって使う？

（ダウンロードファイル：01_PresentationSheets.pptx）

この先に進む準備はできていますか？

目的は明確になりましたか？
ターゲットは決まりましたか？

資料はあくまでもツール、
資料作成は手段です。

もし準備ができていなければ、
もう少し考えてみましょう。

いいですか？
では、続きをどうぞ。

Chapter

2

スライド設計

流れを作る魔法

どんなに優れたコンテンツでも、順序を間違えればうまく伝わりません。どのような順でどのように見せるかを知る「基本の構成とスライドの型」を学びましょう。

魔法の型に入れる
下準備をする

流れを作る魔法

◯ 基本は1S1Mで考える

　資料に入れる情報を集め終えたら、次は流れを作る工程に移ります。ここで重要なのは、**「1スライド1メッセージ (1S1M)」**という考え方です。PowerPointの特徴の1つに、スライドを入れ替えることで順番を簡単に変更できる、ということがあります。つまり、相手や状況によって話の順番を変えるのも容易なのです。このとき、一つのスライドに複数のメッセージが含まれていると、不要と判断した場所を削除したり入れ替えたりする必要が生じた場合、スライドの作り直しに時間と労力がかかってしまいます。伝わりやすさのためだけでなく編集のしやすさからも、1スライド1メッセージを意識しておくことが重要です。

◯ アナログだけど手書きがおすすめ

　最初からPowerPointで作成すると、操作や機能に意識が集中してしまい、思考の邪魔になることがあります。そのため、まずはシンプルに手書きで伝えたい内容と順番を考えましょう。手書きにすることで、より実践的に考えることができます。手書きには少し手間がかかりますが、上司や先輩に確認してもらったり、ほかの人と共有したりする際に便利です。

手書きならではの直感的なアプローチをすることで、資料作成のクオリティーを高めることができます。

　手書きの方法はノートでもメモ帳でもかまいません。最初は何を書けばよいのかわからないこともあると思うので、手書きシートのテンプレートを用意しました。慣れるまではこの手書きシートを活用してみてください。

●資料作成の手書きシート例

○ 「手書きシート」を使ってみよう

●タイトル・日付・Memoを記入する

　まずは、資料のタイトルや実際に発表するイベント名がわかるようにタイトルを決めていきます。また書き換えが発生することを見越して日付も入れておきましょう。メモ欄には、目的や最初に伝えたいと思う内容を箇条書きで入れておきます。

●タイトル等の記入例

● 章の扉に概要を記入する

次に右側にあるスライドに、何を記載していくかを考えていきます。表紙や目次は常に同じかもしれませんが、一番左端のスライドの図形には各章の扉となるスライドを入れていきます。

● 資料の骨組みを考える

タイトル
資料やイベント名などわかるように

日付 2023/09/20

Memo
目的
キーメッセージ
ターゲット
相手の行動
伝えたい内容 等

表紙　目次

Section 01
扉
○○について

Section 02
扉
○○について

● 各スライドに伝える内容を記入する

最後に、章ごとに何を伝えていくかを自分の言葉に置き換えて書いていきます。手書きのメモなので、きれいに書く必要はありません。自分の言葉で話している姿をイメージしながら、説明する内容をどこに記載するかを考えていきましょう。

● 話す内容を肉づけしていく

タイトル
資料やイベント名などわかるように

資料作成の手書きシート

日付 2023/09/20

Memo
目的
キーメッセージ
ターゲット
相手の行動
伝えたい内容 等

表紙　目次

Section 01
扉
○○について
○○というデータを説明
○○の傾向を説明

Section 02
扉
○○について
3つの○○
○○の根拠 1つ目は〜
○○の根拠 2つ目は〜
画像　画像
○○の根拠 3つ目は〜

○○の紹介
画像　説明文
○○の紹介
画像　説明文

PowerPointを使いたいとき

手書きシートの代わりにアウトライン機能を使う——
PowerPointのアウトライン機能を使用しても同じことができます。アウトラインにタイトルを書き出し、それぞれのスライドに対してタイトルをつけていく方法です。全体像を把握するのは少し難しいかもしれませんが、慣れてくるとこの方法で迅速に作業できるようになります。

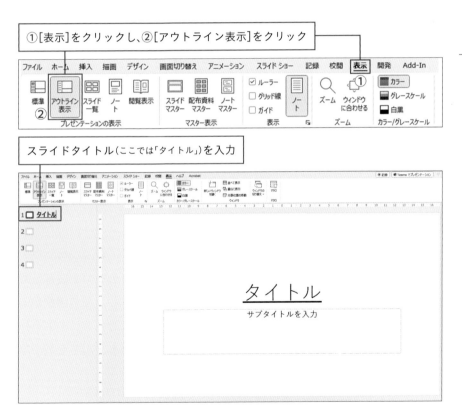

①[表示]をクリックし、②[アウトライン表示]をクリック

スライドタイトル(ここでは「タイトル」)を入力

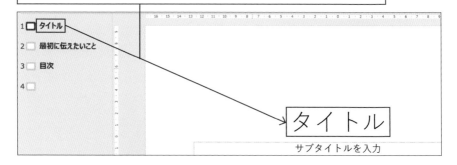
入力されたスライドタイトルがタイトルプレースホルダーに入力される

　このようにタイトルをつけていくと、スライドマスターで設定されたレイアウトに従って、スライドが生成されていきます。スライドマスターについては、第4章で解説します。

　スライドマスターが正しく設定されていれば、最初にテーマを設定したり、自分で作ったオリジナルのマスターを使ったりすると、後の調整が楽になります。アウトライン機能を使用することで、効率的にスライドを作成できるようになります。また、デザインを変更する際も、調整を最小限に抑えることができます。

PowerPointTips

スライドが多い資料は、「会社紹介」「事業紹介」「製品紹介」など資料の構成ごとにセクションを設定すると、後から見たときに見やすくなります。選択したスライドを先頭としてセクションを分けることができます。

①[ホーム]から[セクション]を
クリック

②[セクションの追加]を
クリック

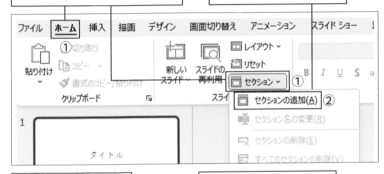

任意のセクション名
（ここでは「導入」）を入力

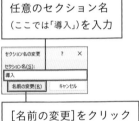

[名前の変更]をクリック

セクションが分けられた

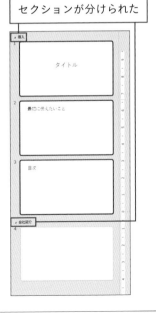

魔法の型を使えば構成が見えてくる

流れを作る魔法

⭘ 先人たちの知恵の結晶、魔法の型

　何もない状態から資料の構成を考えていくのは大変です。私自身もゼロから考えろと言われるとなかなかできません。しかし、幸いなことに、私たちは先人たちの知恵から学ぶことができます。それが、フレームワークと呼ばれるものです。このフレームワークを利用することで、必要な情報や基本的な流れを整理し、安定感のある構成を作成できます。

　「あっと言わせる構成を作りたい！」という気持ちは素晴らしいですが、まずはフレームワークに従って基本的な流れを作成しましょう。演出などの工夫は、その後に行うことができます。基本を学ぶことを怠ると、伝わりにくい資料構成になってしまうので、注意が必要です。

　ここでは代表的なフレームワークを紹介しますが、ほかにもたくさんの方法が存在します。インターネットなどで調べて、自分のニーズに合ったフレームワークを見つけて試してみてください。

フレームワークの一例

✦ ピラミッド構造

✦ PREP法

Point ポイント	**R**eason 理由	**E**xample 具体例 根拠	**P**oint ポイント
伝えたいことは これです	なぜなら ～だからです	たとえば～ というのも～	だから 伝えたいことは これなんです

✦ SDS法

Summary 要点	**D**etails 詳細	**S**ummary 要点
伝えたいことは これです	詳しく話すと ～です	だから 伝えたいことは これなんです

✦ DESC法

Describe 描写	**E**xplain 説明	**S**pecify 提案	**C**hoose 選択
～ではないですか？	私は こう考えています	こういうのは いかがですか？	まずは ～してみませんか？

✦ FABE分析

Feature 特長	**A**dvantage 利点	**B**enefit 便益	**E**vidence 根拠
こんな～です	～はほかとくらべると ～です	～によって こんな未来になります	みてください！ 実は～というデータが／ 利用者の声は～

✦ スライドのつなぎ方

○ 主張の流れを見やすくするピラミッド構造

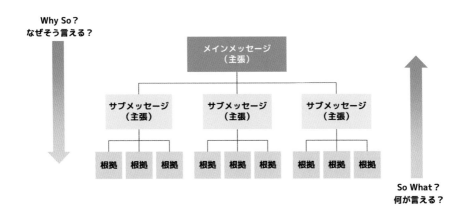

最も基本となるのはピラミッド構造です。ピラミッド構造は下にいくほど具体的で、上にいくほど抽象度が高いものになります。どんな資料でも主張を明確に打ち出して、それを支える根拠を整理する作業が必要です。構成を作っていく手段というよりも情報を選別する作業としてこのピラミッド構造を使っていきましょう。

● 何度も上下を行き来して根拠を確認

ピラミッド構造の縦の関係では上下のつながりが重要です。上から順に見ていくと、最初のメッセージや主張に対してなぜそう言えるのかという問いに答えていきます。それを繰り返し、メッセージの根拠を揃えていきます。

ある程度ピラミッドを作り終えたら今度は下から検証していきます。下から上に根拠となる情報に対し何が言えるのかということを検証しながら構成していきます。

⭕ 主張と理由を明確に打ち出すPREP法

Point ポイント	**R**eason 理由	**E**xample 具体例 根拠	**P**oint ポイント
伝えたいことは これです	なぜなら 〜だからです	たとえば〜 というのも〜	だから 伝えたいことは これなんです

（Chapter 2 スライド設計 流れを作る魔法）

　PREP法（Point、Reason、Example、Point）は、文章を構築する際に使用される基本的な型です。主張や論点が明確になり、体系的な構成が作れます。

●Point（ポイント）:「伝えたいことはこれです」

　結論が先という概念にも似ています。最初に「何を伝えたいのか」を明確にしておきます。

●Reason（理由）:「なぜなら〜だからです」

　次に、ポイントに対する理由を提示します。分析データやアンケートなどの実際のデータに基づいた根拠のある理由が好ましいです。

●Example（例）:「例えば〜、というのも〜」

　事実だけでは人は動きません。理由を補足するために、実際の事例やさらなる根拠で固めていきましょう。

●Point（ポイント）:「だから、伝えたいことはこれなんです」

　最初に伝えたことを最後まで覚えているとは限りません。最後に再びポイントを強調することで、相手の記憶に残るようにします。

⭕ 要点を最初に伝えるSDS法

SDS法（Summary、Details、Summary）は、相手に伝えたいことの要点を最初に明示することで、相手は話の概要を把握でき、詳細が理解しやすくなる型です。短時間でわかりやすく伝えたい場面に有効です。

●Summary（要点）：「伝えたいことはこれ」

最初に「何を伝えたいのか」の要点を明確にしておきます。

●Details（詳細）：「詳しく話すと〜です」

先に挙げた要点を詳しく説明します。具体的に、要点から逸れないように構成することが大事です。

●Summary（要点）：「だから、伝えたいことはこれなんです」

要点を最初と最後に持ってくることによって、相手も要点を再認識して記憶に残しやすくなります。

◯ 相手への問いかけから始めるDESC法

Describe	**E**xplain	**S**pecify	**C**hoose
描写	説明	提案	選択
〜ではないですか？	私は こう考えています	こういうのは いかがですか？	まずは 〜してみませんか？

DESC法（Describe、Explain、Specify、Choose）は、自分の考えや気持ちを正直に伝えつつ、相手の反応も素直に受け止めようとするコミュニケーションスタイルです。相手に納得感を持ってもらいながら自分の主張を伝えられ、相手との信頼関係を築きやすい型です。一方で対話型のコミュニケーションスタイルに近いので、相手が複数いる場合はそれぞれが持つ思いが異なるので注意が必要です。

●Describe（描写）:「〜ではないですか？」

相手の状況を客観的に描写して明らかにしていきます。ここで「そうなんですよね」と言ってもらえるぐらい相手が持つ背景へのリサーチが必要になります。

●Explain（説明）:「私はこう考えています」

自分の気持ちや、相手の力になりたいという思いを伝えていきます。提案するサービスに売りとなるサポート体制等がある場合、ここで話すのもよいです。

● **Specify**（提案）：「こういうのはいかがですか？」

　相手の状況と自分の思いを重ねて、相手の悩みが解決できるような行動・解決策・妥協案などを提案します。

● **Choose**（選択）：「まずは〜してみませんか？」

　いきなり提案に入っても「でもやっぱり……」とハードルが高くて行動ができない場合が多いです。そのために、簡単に行動できる内容を提示しましょう。

　例えば、無料体験やセミナーへの参加など相手の負担になりにくい行動がよいです。

◯ 物事の利点と便益を伝えるFABE分析

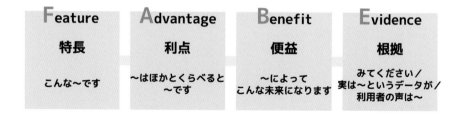

Feature	**A**dvantage	**B**enefit	**E**vidence
特長	利点	便益	根拠
こんな〜です	〜はほかとくらべると〜です	〜によってこんな未来になります	みてください／実は〜というデータが／利用者の声は〜

　FABE分析（Feature、Advantage、Benefit、Evidence）は、商品やサービスの特徴とベネフィットをわかりやすく伝えるときに使う手法です。相手に対して納得感のある説明ができる型です。

● **Feature**（特徴）：「こんな〜です」

　商品やサービスに関する特徴を話していきます。ただ説明しただけでは何がよいかは伝わりません。伝わりにくい資料もこの特徴だけを書いてい

る場合があります。大事なのはこの後からです。

●Advantage（利点）：「〜はほかと比べると〜です」

　その特徴が、類似する商品やサービスと比べてどうなのかを客観的に比べていきます。ここまでは数値などで比較できる事実を並べて構成します。

●Benefit（便益）：「〜によってこんな未来になります」

　便益（ベネフィット）は商品やサービスを利用することで得られる価値です。例えば「快適になる、便利になる、有利になる、楽できる」など、商品やサービスがもたらす明るい未来と言い換えてもよいでしょう。

●Evidence（証拠）：「みてください ／ 実は〜というデータが ／ 利用者の声は〜」

　もちろん、未来だけを語っていても現実味がありません。商品やサービスによりさまざまな証拠を出す必要があります。例えば、商品であれば実演や研究等の実証データを示すことができますし、サービスであればユーザーの体験談や事例紹介・無料体験を提供することも可能です。

○ 接続詞でスライドのつなぎ方をチェック

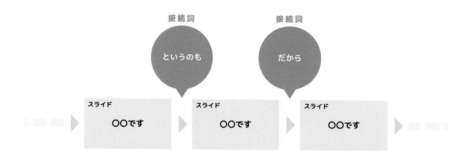

　PowerPointで資料を作成する際のポイントは、スライドが適切につながっているかどうかです。実際に資料を見ながら話を進めたとき、スライドとスライドの間に接続詞が入るときれいな流れになります。もし接続詞でつながらない場合は、流れを見直してみましょう。

　ここで重要なのは、**フレームワークや型にとらわれる必要はない**ということです。フレームワークや型に合わせることが目的ではなく、作成した資料が相手に適切に伝わることが目的です。相手に伝わりやすい流れを意識しましょう。

●スライドをつなぐ接続詞の一例

種類	接続詞
順接	だから、したがって、その結果、そうすることで
逆接	しかし、だけれども、それにもかかわらず
並列	また、同様に、1つ目は
追加	さらに、しかも
対比	一方で、逆に
選択	または
説明	なぜなら、というのも
補足	ただし、ちなみに
言い換え	つまり、逆にいえば
例示	例えば、具体的には
転換	さて、ところで

スライドのレイアウトで
流れを考える

流れを作る魔法

　実際に作成するPowerPointでは、さまざまなデザインやレイアウトが存在し、混乱しがちですが**基本的な情報を伝えるスライドのレイアウトはある程度限られています**。白紙の状態から始めて悩むのではなく、まずは基本的なレイアウトに従ってスライドを作ってみましょう。慣れてくると、レイアウトを組み合わせて複雑なものを作ったり、デザインの要素を取り入れたりして、より伝わりやすい表現にしやすくなります。

●資料の基本的な流れ

　資料のほとんどは、導入から始まり、伝えたい内容が含まれるメインコンテンツ、そして最後に結論がくる順番になります。それぞれのポイントで必要になる基本スライドの例とイメージを紹介していきます。

基本スライドの型一例

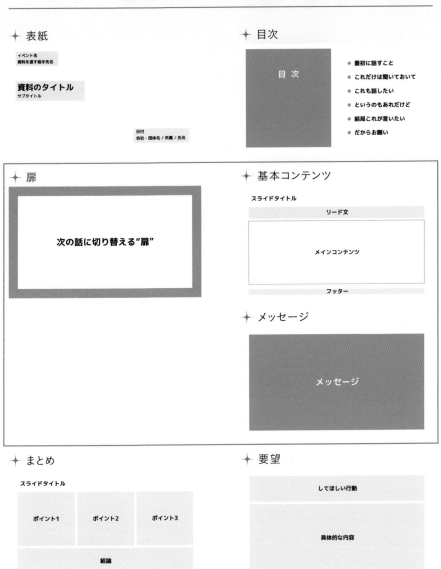

表紙

イベント名
資料を渡す相手先名

資料のタイトル
サブタイトル

日付
会社・団体名 / 所属 / 氏名

目次

目 次

- 最初に話すこと
- これだけは聞いておいて
- これも話したい
- というのもあれだけど
- 結局これが言いたい
- だからお願い

扉

次の話に切り替える"扉"

基本コンテンツ

スライドタイトル

リード文
メインコンテンツ
フッター

メッセージ

メッセージ

まとめ

スライドタイトル

ポイント1	ポイント2	ポイント3
結論		

要望

してほしい行動

具体的な内容

◯ 資料の顔となる「表紙」

イベント名 **資料を渡す相手先名**	

資料のタイトル
サブタイトル

日付
会社・団体名 ／ 所属 ／ 氏名

　表紙は資料に必ず出てくるスライドです。表紙に求められる役割は大きく分けて**「認識」「期待」**の2つです。

「認識」とは、「誰が何を書いた資料なのか」がわかるようにすることです。資料のタイトルや日付・氏名等を忘れずに入れておきましょう。場合によりイベント名や渡す相手の会社名等を入れると相手も「自分事」として認識してくれます。

　2つ目の「期待」は、「続きを見てみたい」という気持ちにさせる役割です。デザインで魅せることも一つの手法ですが、セミナーや説明会などで開始前に常時表示している表紙にメッセージを入れたり、忙しい人に向けて表紙を見ただけで判断できるように概要を入れておくといった手法をとることができます。

● メッセージをテロップ形式で追加したパターン

2025 新卒採用 合同説明会

○○会社の"あれ"、知ってる？

身の回りにある"あれ"を作ってます

"あれ"とは何でしょうか？想像しながら、お手元のアンケートにご記入いただき、開始までもうしは

2023/09/20
○○会社　採用担当
阿連 知輝

● 概要を追加したパターン

2024年度 事業企画

PPT プロジェクト

資料作成時間削減

概要

- 現状、資料作成による残業が約50時間／月
- 本業務へのしわ寄せによる効率低下
- 対策案1　効率化講座でスキルアップ
- 対策案2　外注検討
- 試算効果　残業0時間／月 ＋ 営業利益25％UP

2023／09／20
企画部　結城 紘

◯ 資料の全体像を伝える「目次」

目次またはアジェンダと呼ばれるスライドには**「全体像をつかむ」**役割があります。シンプルに作る場合は、各章のタイトルやスライドタイトルを箇条書きで入れるだけでも十分です。「この話はどれぐらいのボリュームなのか」「この話のときに質問したいな」などと相手が資料の内容を理解する準備もできます。

また、少し手を加えていく場合は図解を目次にする方法もあります。各章がどのようにつながっているのか、全体像を示すことができるので、資料のボリュームが多いときや複雑な話のときに有効です。

●図解で目次を作ったイメージ

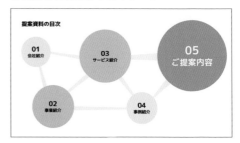

PowerPoint Tips

目次を作るのに手打ちするのは時間がかかり、間違いのもとにもなります。p.49で解説したアウトラインからスライドタイトルをコピーすることができます。

①[表示]から②[アウトライン表示]をクリック

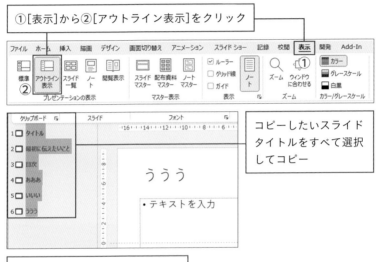

コピーしたいスライドタイトルをすべて選択してコピー

目次スライドに貼り付けて完成！

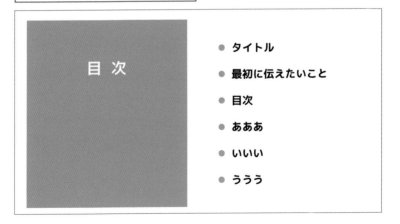

◯ 話の切換や現在地を知らせる「扉」

次の話に切り替える“扉”

扉やブリッジと呼ばれるスライドの役割は**「切替」「現在地」**を示す役割があります。「切替」では「別の話題になった」と相手に認識させる目的です。扉がないと、知らないうちに話が変わっていて聞いている人や読んでいる人に混乱を与えてしまいます。そのため、スライドの縁に色をつけたり、白黒反転させたりと、通常のスライドは明らかに違うデザインにして無意識に「話題が変わった」ことを認識してもらうようにします。

また「今どこの話をしているのか？」と聞いている人を迷わせないように「現在地」を示す方法として、目次スライドを使う方法もあります。その場合、次に話す項目だけに色をつけたりして強調します。

プレゼンというよりは発表という場合、扉のスライドでは特に話すことがないので一瞬で切り替えられてしまいがちですが、このスライドで次につながる前振りを話すと、スムーズにつなげることができます。

●箇条書き目次の流用パターン

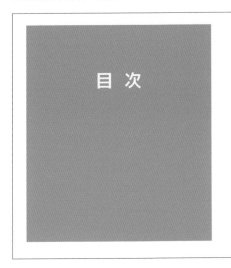

●図解目次の流用パターン

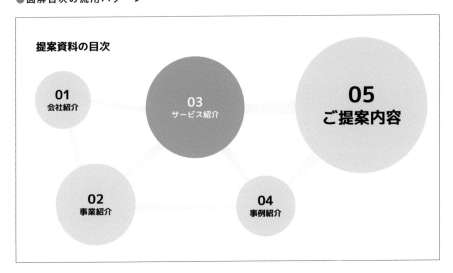

○ 詳細を多彩な型で伝える「基本コンテンツ」

　資料の中で一番使う基本コンテンツのレイアウトですが、細かく分けていくとコンテンツによって非常に多くのパターンが出てきます。ほかのスライドと比べて一番悩みの種になる部分です。ここでは大きく分類分けした、基本的な型を挙げていきます。

　基準となるのは**「リード文の有無」**と**「スライドの分割」**の2点です。

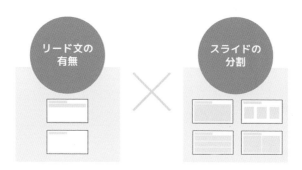

　「リード文」とはそのスライドで伝えたいことを一言で表した文章のことです。特に話し手が存在しない配布資料として考慮したスライドに有効なので、インターネット等で検索した企業のスライドにはほとんど入っています。

　一方で、話し手が存在するプレゼンテーションで配布を考慮しない資料の場合は、リード文を入れない場合が多いです。話し手がいるので「伝えたいことは話して伝える」という考えです。もちろん伝え忘れ防止のために、最後にリード文を持ってくる手法もあります。

　フッターには、クレジットやページ番号を入れます。会社のロゴを入れる場合もあるので、デザインに合わせて調整しましょう。

基本コンテンツの型一例

●リード文あり

✦ 1コンテンツ

✦ 比較2分割

✦ 並列横3分割

✦ リスト縦分割

●リード文なし

✦ 1コンテンツ

✦ 比較2分割

✦ 並列横3分割

✦ リスト縦分割

● 1コンテンツ

　使用頻度が最も多く汎用性が高いレイアウトです。基本コンテンツレイアウト全体に共通する話ですが、リード文を入れることで、メインコンテンツを入れるスペースが狭くなりますが、伝えたいことが伝わりやすいスライドになります。

　一方でリード文がない場合は、広いスペースで表現の幅を広げることができます。この1コンテンツでは、グラフを大きく表示してポイントを説明したり、広いスペースで図解を入れたりするパターンに向いています。

● Sample Image

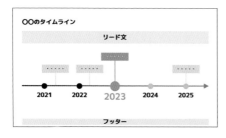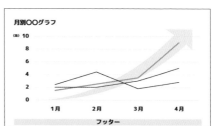

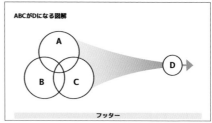

●比較：2分割

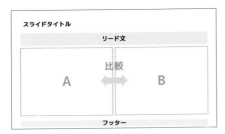 

　メインコンテンツを左右に分割したレイアウトです。2つのものを比較する場面や、左側の説明をしたりする場合によく使います。特に配布資料などで文章が多く入る場合に有効です。上記イメージでは左右の幅を同じにしていますが、コンテンツに合わせて左側または右側を大きくすることもできます。

● Sample Image

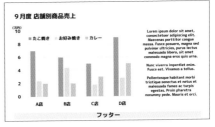

● 並列：横3分割

　横分割では、並列な情報や順序を示すコンテンツに向いています。「要点は3つまで！」を意識してまとめている方も多いと思います。以前の標準だった4：3のスライドサイズでは、要素を3つ並べると窮屈な印象でしたが、16：9の横長スライドが多く使われている現在、3つの要素を並べてもきれいに配置することができます。サービスや手順の紹介や、まとめとしても使いやすいレイアウトです。

● Sample Image

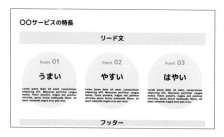

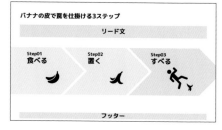

●リスト：縦分割

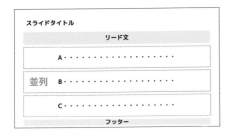 

　縦分割は、横分割と同じように並列や順序を示すことができます。ですが、横分割に比べると上下の配置よりどうしても順序の意味合いのほうが強くなってしまうので注意が必要です。

　基本コンテンツのレイアウトは組み合わせによって表現が無限に広がります。まずは基本を意識しながら適切なレイアウトを選んでいきましょう。

● Sample Image

○ 主張を伝える「メッセージ」

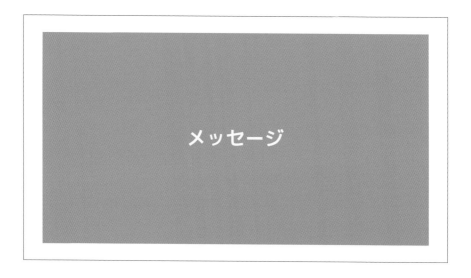

　メッセージスライドの役割は、そのまま**「メッセージを伝える」**という点です。コンテンツのみのスライドが続くと、「結局何が言いたいのか？」と相手が思う場合があります。もちろん、話し手が魅力的な話をして聞き手を惹きつけていればよいですが、必ずしも集中力を維持しながら聞いてもらえるとは限りません。ですので、話し手の助っ人としてこのメッセージスライドを使います。かくいう私自身が話下手なので、メッセージスライドで再度聞き手の注意を促す手法を使っています。

　ほかのコンテンツスライドとは違って「何か変わった、重要そうだぞ？」と思わせるように、背景を黒くしたり、画像を使ったりしてメリハリをつけます。

●グラデーションを使ったパターン

●画像を入れたパターン

◯ 主張を念押しする「まとめ」

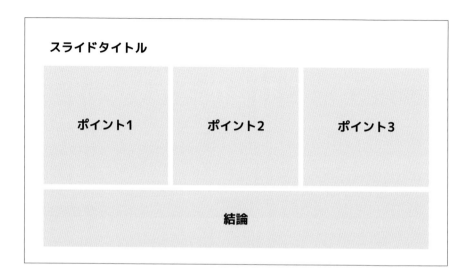

　資料で重要なポイントは、**「最後に大事なことを覚えてもらう」**ということです。本編が終わった後、「ご清聴ありがとうございました」といった締めくくりの言葉を使うと、聞き手や読者は「何が重要だったかな？」と思ってしまいます。そこで、まとめスライドが重要な役割を果たします。まとめスライドでは、資料の中で本当に重要で覚えてほしい内容を1枚にまとめて最後に表示します。これにより、聞いたり読んだりした内容を思い出しやすくし、覚えてもらいやすくなります。

　さらに、まとめを1枚にすることで、時間の制約のあるプレゼンテーションや忙しい人でも、素早く資料の内容を理解することができます。場合によっては、まとめを先頭に配置することで、意思決定者に対して早く意見を求めることもできます。

● 資料の章ごとにポイントをまとめたパターン

まとめスライドの重要性

Section 01

覚えられやすい

Lorem ipsum dolor sit amet, consectetuer adipiscing elit. Maecenas porttitor congue massa. Fusce posuere, magna sed pulvinar ultricies, purus lectus malesuada libero, sit amet commodo magna eros quis urna.

Nunc viverra imperdiet enim. Fusce est. Vivamus a tellus.

Pellentesque habitant morbi tristique senectus et netus et malesuada fames ac turpis egestas. Proin pharetra nonummy pede. Mauris et orci.

Section 02

意思決定までの時短

Lorem ipsum dolor sit amet, consectetuer adipiscing elit. Maecenas porttitor congue massa. Fusce posuere, magna sed pulvinar ultricies, purus lectus malesuada libero, sit amet commodo magna eros quis urna.

Nunc viverra imperdiet enim. Fusce est. Vivamus a tellus.

Pellentesque habitant morbi tristique senectus et netus et malesuada fames ac turpis egestas. Proin pharetra nonummy pede. Mauris et orci.

Section 03

整理

Lorem ipsum dolor sit amet, consectetuer adipiscing elit. Maecenas porttitor congue massa. Fusce posuere, magna sed pulvinar ultricies, purus lectus malesuada libero, sit amet commodo magna eros quis urna.

Nunc viverra imperdiet enim. Fusce est. Vivamus a tellus.

Pellentesque habitant morbi tristique senectus et netus et malesuada fames ac turpis egestas. Proin pharetra nonummy pede. Mauris et orci.

まとめスライドを作ったほうがいい

● 資料の全体を図解でまとめたパターン

線を使って図解のように

肉球

はな

舌

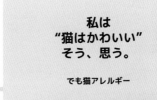
私は
"猫はかわいい"
そう、思う。

でも猫アレルギー

◯ 相手の行動を促す「要望」

してほしい行動

具体的な内容

　まとめスライドで全体を思い出してもらった後は、「じゃあ何をすれば
いいの？」という疑問に答えるスライドを用意しましょう。特に営業資料
や説明会など、次の行動を相手に促す場合には効果的です。

　例えば、問い合わせしてもらいたい場合は、電話番号や連絡先を明記
し、最初の接触時に使用すべき言葉を添えるとよいでしょう。また、担当
者がすでに決まっている場合は、部署名や担当者名も明記することで問い
合わせがスムーズに行われやすくなります。

　またPDFなどで資料を配布する場合は、リンクを埋め込んでおくのも
有効です。PowerPointでリンクを設定すると、PDFに変換してもリンク
は有効なまま保持されるので、PDF内でも1クリックでWebページにア
クセスすることができます。

● 営業資料などで問い合わせを誘導するパターン

まずはお気軽にご相談ください

「○○の資料を見た」と
お伝えください

フリーダイヤル
📞 0120-XXXX-XXXX

メールアドレス
✉ mail-address@koreha.dummy

● 説明会などで次のアクションにつなげるパターン

いまなら
100ページの
資料作成資料がもらえる！

資料請求はこちらから

無料セミナー実施中

＼お申し込みはこちら／

COLUMN

⭕ 主張を伝える「メッセージ」

　私がこれまで聞いてきた質問で最も多いものの1つが、「今度10分間の
プレゼンをするんですけど、スライドの枚数って何枚ぐらいがいいでしょ
うか？」です。そして私の答えはいつもこうです。

「何枚でもいい」

　1枚のスライドで1分ぐらいが目安、と考えるのも間違いではありませ
んが、そもそもプレゼンの価値はスライドの枚数では決まりません。うま
く話せる人はタイトルスライドの1枚だけでプレゼンができるかもしれま
せん。演出でスライドを使えば1分で10枚のスライドを使うことだってあ
ります。

　聞き手は資料の説明が聞きたいのではありません。プレゼンを聞いてい
るのです。資料ありきでプレゼンするのではなく、プレゼンや話す内容を
軸にした資料を作りましょう。

　次に多い質問は、

「話す内容を軸に作ったけど、スライドの切り替えが早くてわかりにくい
らしい。どうしよう？」

　というものです。話す内容を補足する情報だけをスライドに入れてみま
しょう。口頭で伝えられる部分は全部消します。**理想は話のBGM的にス
ライドが流れる**ようにできるといいですね。

Chapter

3

資料デザインの基礎

わかりやすく整える魔法

きれいな資料が、必ずしもいい資料ではありません。センスがなくてもシンプルに伝えたい内容を整えて見せるための「資料デザインの基本」を学びましょう。

デザインの魔法は
いる？　いらない？

わかりやすく整える魔法 ――――――

◯ 「資料のデザイン」はかっこよくすること？

　資料作成の依頼で、「かっこよくしてください」と言われることがありますが、資料デザインの本質は、ただ単に飾りつけてかっこよくすることではありません。資料デザインの目的は**「わかりやすく伝える」「正しく伝える」「見てもらう」「感じてもらう」**の4つに分けることができます。

● 資料デザインの目的

資料デザインの
目的

かっこよくするため ✕

わかりやすく
伝えるため

正しく
伝えるため

見て
もらうため

感じて
もらうため

◯ 理解を加速させる「機能的デザイン」

● わかりやすく伝える

　資料作成で一番大事なデザインは、わかりやすく伝えるための機能的デザインです。資料で伝えるための「視認性（見やすさ）」「可読性（読みやすさ）」「判読性（理解しやすさ）」に重点を置いたデザインの基礎で、かっこいい資料を作るための特別な技術やセンスは必要ありません。

　本書ではこの機能的デザインに重点を置いて、見やすく、読みやすく、理解しやすい資料デザインができるように意識しています。社内の報告書など、わかりやすく正しく伝えることが最優先で、早く作る必要がある場合は、機能的デザインだけで十分です。

「かっこいいから文字をキラキラにしたい！」という気持ちはわかりますが、資料デザインの本質からは離れてしまいます。まずはグッとこらえて見やすく、読みやすく、理解しやすい機能的デザインを習得するようにしましょう。

● わかりやすく伝えるデザインのポイント

●正しく伝える

　情報が見やすくなれば、正しく伝わるようにすることも重要です。同じ情報でも見る人によって解釈が分かれるため、正しく伝えることは非常に難しいです。同じ情報を見て、解釈の違いが出ないように箇条書きや図解・グラフの技術を用いて、大事なところを強調する手法をとります。

　誰が見ても同じ解釈ができる、そんな資料を目指しましょう。

◯　印象づける「情緒的デザイン」

●見てもらう

　見やすく、読みやすく、理解しやすい資料デザインを心がけても、まだ不十分な場合があります。それは相手が忙しいときや複数の資料から見るものを選んでいるときです。

　どんなによい内容で、どんなにわかりやすい資料だとしても、見てもらわないと話が始まりません。見て読んでもらえなければ、その資料は存在しないのと同じなのです。

　第2章でも紹介しましたが、特にこの役割を担うのが表紙です。表紙は資料の顔です。見た目のデザインも必要ですが、必要不可欠な情報を入れて資料をデザイン（設計）することも大事です。

　「何かよさそう、見てみよう」と思わせられるように作れると最高ですね。

●感じてもらう

　資料の目的により必要になってくるのが感じてもらうデザインです。

　情報をわかりやすくまとめたとしても、事実の羅列だけであれば人の心は動きません。また、シンプルすぎても記憶に残らずその資料は流されて

しまうかもしれません。

　写真や言葉を大きく強く見せることによって印象づけたり、企業全体を通した資料の雰囲気を作ることによるブランディングで誠実さを演出したりできます。ちょっとした資料でも「なんか行き当たりばったりで、コピペ資料だな」と感じたことはありませんか？　きれいに整えるだけでも「あ、この会社ちゃんとしてるな」という印象を無意識に与えることができます。

◯ 「資料のデザイン」で心がけたいこと

　次のページからは、サンプルスライドを元に、手順を踏んでブラッシュアップする方法を解説します。本書のサンプルスライドだけでなく、実際に作ったスライドを用意して、**各手順ではどんなブラッシュアップができるかを、考えながら読み進めてみて**ください。「どこを直していけばいいか？」と考えながら実践することで、スキルが身につくのも早くなります。

　元のスライドがある状態でのブラッシュアップなので、一度設定を戻したりゼロから作ったりする場合とは少し違った手順もありますが、ゼロから作る場合でも気をつけるポイントは同じです。各所で解説するPowerPointの操作も合わせて確認してください。

　ここで気をつけてほしいことは、デザインに絶対の手順はないということです。私は、資料はもっと自由に楽しく作ってよいと考えています。本書で紹介する手順はあくまでも一例であり、説明の都合上、調整している部分もあります。また、デザイン論に言及したものではなく、資料に必要な要点をピックアップして説明しています。本書をきっかけにさらにデザインを学びたくなったとき、この本がその土台となれば幸いです。

全体を整える
「統一感」の魔法で
見やすさを確保

わかりやすく整える魔法

◯ 相手に負担をかけない「見やすさ」

　どんな資料でも、きちんと読めなければ意味がありません。読みにくい資料を、目を凝らして読むというストレスを読み手に与えないように見やすい状態を確保しましょう。まずは、きちんと見える状態にするために、見えづらい色やフォント、配置を整えていきます。

全体を整える流れ

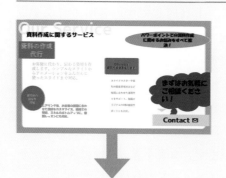

✦ 調整前のサンプルスライド

一昔前に見かけた、色を使いすぎているスライド

✦ 見やすい色にする

色数を減らし、文字が読める色使いにする

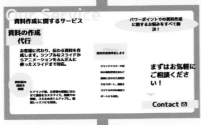

✦ フォントをそろえる

見やすさと印象から使うフォントを絞り込む

✦ 文字と行の間を適切にする

行間を整えて読みやすさを確保する

✦ 余白をとる

余白でスライドの見やすさ、文字の見やすさを確保する

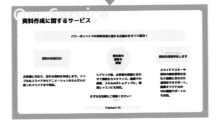

✦ 視線を誘導する配置にする

自然な配置で理解速度を上げる

○ 見やすい色にする

Before

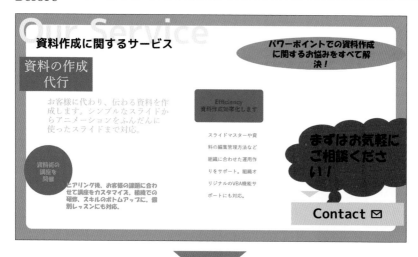

After

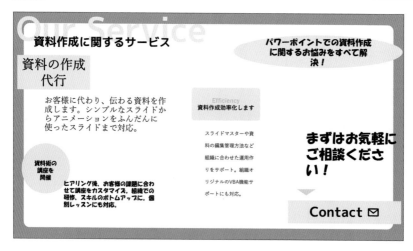

90

配色はとても奥が深いです。どの色がどんな意味合いを持ち、何色を選べばよいのか……と考えていると、時間はあっという間に過ぎてしまいます。ここで目指すのはデザイナーのように配色を検討する時間をとることではありません。**決めたメインカラーに沿って見やすい色使いで統一する**ことです。伝わる資料として整えるために、まずは色の情報を減らしていきましょう。配色について詳しく学ぶのは、資料作成に余裕が出てきてからでも大丈夫です。

● 色数を減らす

　資料を作っているとどうしても色を多く使ってしまいがちですが、最初はモノクロまたはメインカラーの1色だけを使ってみましょう。

●カラーパレット例

「After」のスライドでは、図形の色をメインカラーの薄い色に、文字を黒に戻しています。薄い色は、テーマの色で表示されている色を使いましょう。テーマの色の設定については後で詳しく解説します。

●メインカラーは PowerPoint の［テーマの色］から選択

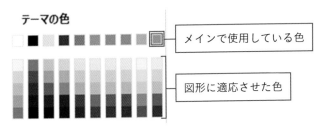

● 明度の違いをはっきりさせる

● ［テーマの色］の中で明度の違いを選ぶ

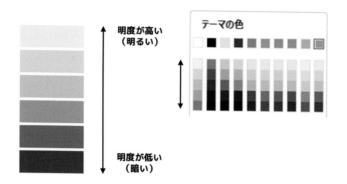

　色の明るさ、暗さを「明度」といいます。色数を絞るときには、決めた色の明度を変更して使います。自分で明度が違うグラデーションを作るのは手間ですが、PowerPointの機能であるテーマの色を使えば、6パターンの明度を使用することができます。

● 明度差をはっきりさせる

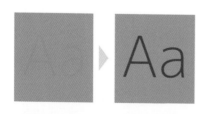

　同系色を重ねるときには明度差がはっきりした色を使いましょう。明度差がないと、左のように可読性が下がってしまいます。

● 濃い色には白い文字を選ぶ

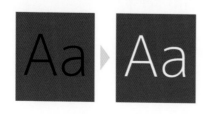

　明度が低い（暗い）色の上に文字を置く場合は、文字色に黒を使うのを避け、白や明度が高い色を選ぶようにしましょう。

●グレーは薄すぎないように

　背景が白でグレーを使う場合は、薄くなりすぎないように注意しましょう。パソコンの画面では見えていても、スクリーンなどでは見えない場合があります。

●明るい色は少し暗くする

　特に黄色など、白に近くて明るい色は白背景では見にくくなります。黄色の文字を使う必要がある場合は、明度を落として使いましょう。

◯　カラーパレットの見方

　図形の塗りつぶしや文字の色で作れる［ユーザー設定］は、彩度・色相・明度に対応しています。

● PowerPoint のカラーパレット

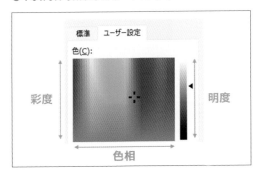

○ 配色パターンを作ってみよう

図形や文字の色を指定するときに表示される［テーマの色］は、自分でカスタマイズすることができます。作成した配色パターンは［ユーザー定義］に保存され、PowerPointを閉じても引き継がれて、さらにほかのPowerPointにも反映させることができます。

この［テーマの色］を指定した文字や図の色は、配色パターンを変えると連動して色が変わります。一度に全体の色を変えたいときに非常に便利です。最初からOfficeのテーマも入っているので参考にしてください。

①［デザイン］から→②［バリエーション］の下矢印をクリック

③［配色］から④［色のカスタマイズ］をクリック

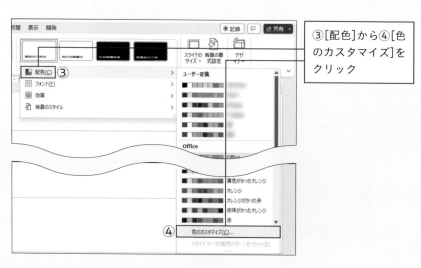

パターンを作成する画面のサンプルはちょっとわかりにくいですが、標準の［テーマの色］とは下記のように連動しています。基本的には背景は白、文字色は黒で固定しつつ、［アクセント 1］から順に好きな色に置き換えてみてください。

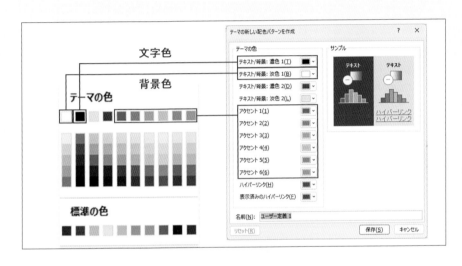

①［アクセント1］から②［その他の色］をクリック

色を指定して③［OK］をクリック

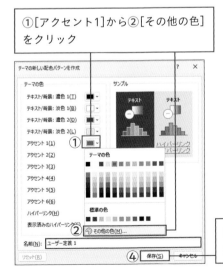

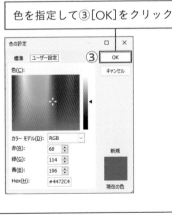

ほかの色も同様に変えた後、任意の名前をつけて④［保存］をクリック

◯ フォントをそろえる

Before

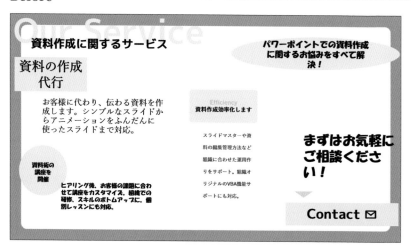

After

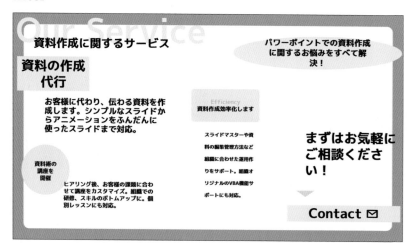

●「テーマのフォント」でフォントの混在を防ぐ

　PowerPointでは図形等にフォントを一つ一つ指定することができます。そのため、ほかのスライドからコピーしてきたり、フォントを変えたりした図形を複製して使い続けると、複数のフォントが混在する資料になってしまいます。また、一つずつ設定していると、後から一括で変えることが大変になってきます。

　まずは、**テーマのフォントを使う**ことに慣れていきましょう。

　PowerPointの機能には［フォントの置換］があり一見便利に見えますが、すべてのフォントがテーマから切り離されてしまい、後からの編集が大変になるのでおすすめしません。

フォントを変える図形を選択し、①[ホーム]から②[フォント]内のプルダウンをクリック

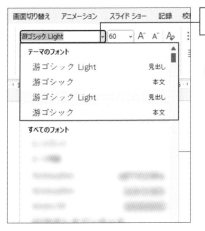

［テーマのフォント］からフォントを選択

PowerPointTips

　［テーマのフォント］には、欧文フォントの見出し、本文と和文フォントの見出し、本文の4種類が設定されているので、適切なものを選択しましょう。

● まずは標準フォントから使う

　フォントはデザイン上、雰囲気を作る際に重要な役割を果たします。ただ、配色と同じように奥が深く、標準フォントや外部フォント（フリーフォント・有料フォント）もたくさんの種類があるため、選ぶのに非常に時間がかかります。また、標準フォント以外を使う場合は注意も必要です。編集や利便性を優先するのであれば、標準フォントで作ることをおすすめします。時間や効果を考え、必要な場合にのみ別のフォントを検討するようにしましょう。

● 標準フォントと外部フォントの特徴例

	標準フォント	外部フォント
選ぶ時間	短時間、リストから選択可能	時間がかかる、サイト等から検索する、ダウンロード / インストール等の作業がある
互換性	同じ OS / バージョンで開ける	同じフォントがないパソコンでは、文字化けや類似フォントへの置き換えによるレイアウト崩れの恐れがある
表現	似たような印象になる	多彩な表現ができる
権利等	自由に使える	商用利用が不可の場合もある

○ 既存の「テーマのフォント」を選んでみよう

先ほど標準フォントを使用することをおすすめしましたが、Officeの中にもたくさんのフォントがあり、多彩な表現も不可能ではありません。一つずつ見ていくのもよいですが、まずはテーマのフォントから見ていくのがよいでしょう。テーマのフォントが反映されたスライドであれば、すべてのフォントを一括で変えてくれるので比較検討するのに便利です。

①[デザイン]から②[バリエーション]の下矢印をクリック

[フォント]から好きなフォントテーマを選択

● 見やすさと印象でフォントを選ぶ

　フォントを選ぶポイントは、見やすさと印象です。細いフォントは洗練されたイメージを持ちますが、暗い背景で白文字に設定してプロジェクターで映すとぼやけて見にくくなる可能性があります。また、文字を小さくした場合は正しく印刷されない可能性もあります。

　見やすさと印象のバランスを見て選択していきましょう。私の主観も入りますが、以下に示したOfficeの標準フォントのマトリクスを参考にしてください。

● Officeの標準フォントのマトリクス表を参考にする

● フォントの形

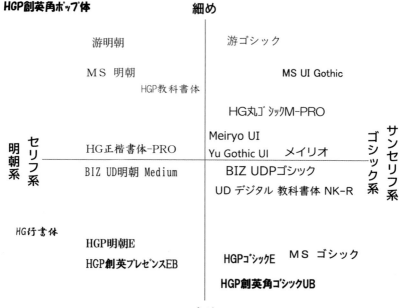

● フォントの印象

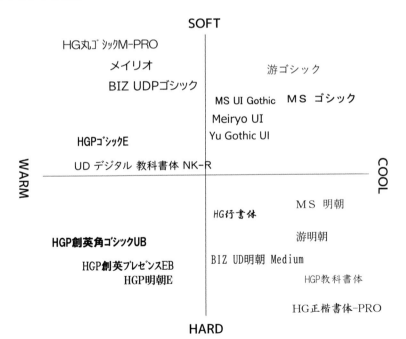

SOFT

HG丸ｺﾞｼｯｸM-PRO

メイリオ

BIZ UDPゴシック

游ゴシック

MS UI Gothic　　ＭＳ ゴシック

Meiryo UI

Yu Gothic UI

HGPｺﾞｼｯｸE

UD デジタル 教科書体 NK-R

WARM　　　　　　　　　　　　　　　　　　　　　　　　　　　COOL

ＭＳ 明朝

HG行書体

游明朝

HGP創英角ゴシックUB

BIZ UD明朝 Medium

HGP創英プレゼンスEB

HGP明朝E

HGP教科書体

HG正楷書体-PRO

HARD

○ フォントパターンを作ってみよう

配色パターンと同じように、フォントパターンも自分で作って登録することができます。既存のパターンでは物足りない、少し入れ替えたものを作りたい場合にチャレンジしてみてください。

①[デザイン]から②[バリエーション]の下矢印をクリック

③[フォント]から一番下の④[フォントのカスタマイズ]をクリック

変更したいフォントのプルダウンから、フォントを選択して入れ替える

フォントパターンには英数字用フォントの見出しと本文、日本語文字用の見出しと本文の4種類が設定できます。見出しのフォントが適応されるのは、スライドマスターのプレースホルダーでタイトルとして設定されている部分です。タイトルは太く目立たせて、本文は細めのフォントになど、自分好みのパターンが作れます。

配色パターンと同じくPowerPointに保存されるため、一度作れば後から何回でも使い回しができます。

◯ 文字と行の間を適切にする

Before

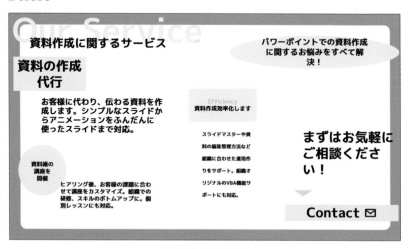

After

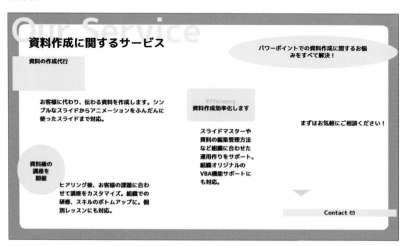

変更 Point───

長文の読みやすさを確保するために、文字と行の間（行間）の調整を行います。「After」のスライドでは、デザインの統一感を出すためと情報を見比べるために、一度すべてを同じ設定にしてバラバラになっている文字のサイズも統一しています。状況に応じて文字サイズは保ったままでもかまいません。

● 行間を設定する場所

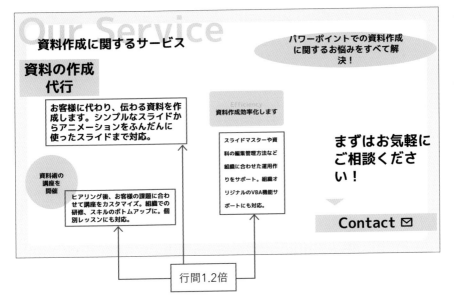

●折り返しのある文章は行間を空ける

　印刷など配布を前提にした資料では、長文の説明文を入れるシーンが多くあります。長文を読みやすくするコツとして、適度な行間があります。詰まりすぎていたり、空きすぎていたりすると読みにくくなります。

　PowerPointでは行間の設定を倍数で指定することができます。フォン

トサイズやレイアウトに合わせて1.2〜1.5倍で調整しましょう。

● 行間のイメージ

フォントサイズ　14pt
行間　　　　　　1倍

> お客様に代わり、伝わる資料を作成します。シンプルなスライドからアニメーションをふんだんに使ったスライドまで対応。
> スライドマスターや資料の編集管理方法など組織に合わせた運用作りをサポート。組織オリジナルのVBA機能サポートにも対応。
> ヒアリング後、お客様の課題に合わせて講座をカスタマイズ。組織での研修、スキルのボトムアップに。個別レッスンにも対応。

フォントサイズ　14pt
行間　　　　　　1.2倍

> お客様に代わり、伝わる資料を作成します。シンプルなスライドからアニ
> メーションをふんだんに使ったスライドまで対応。
> スライドマスターや資料の編集管理方法など組織に合わせた運用作りをサ
> ポート。組織オリジナルのVBA機能サポートにも対応。
> ヒアリング後、お客様の課題に合わせて講座をカスタマイズ。組織での研修、
> スキルのボトムアップに。個別レッスンにも対応。

フォントサイズ　14pt
行間　　　　　　1.5倍

> お客様に代わり、伝わる資料を作成します。シンプルなスライドからアニ
> メーションをふんだんに使ったスライドまで対応。
> スライドマスターや資料の編集管理方法など組織に合わせた運用作りをサ
> ポート。組織オリジナルのVBA機能サポートにも対応。
> ヒアリング後、お客様の課題に合わせて講座をカスタマイズ。組織での研修、
> スキルのボトムアップに。個別レッスンにも対応。

○ 行間を設定してみよう

①[ホーム]から②[行間]をクリック

③[行間のオプション]をクリック

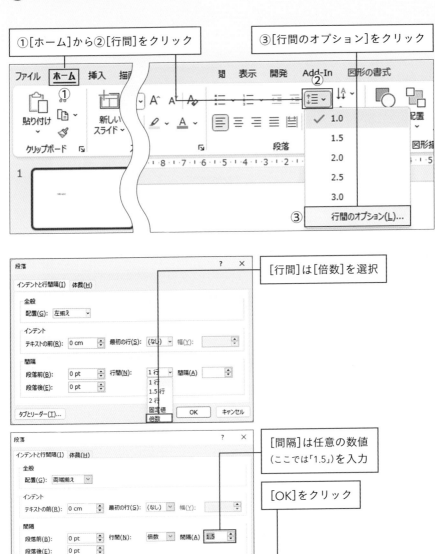

[行間]は[倍数]を選択

[間隔]は任意の数値
（ここでは「1.5」）を入力

[OK]をクリック

⭕ 余白をとる

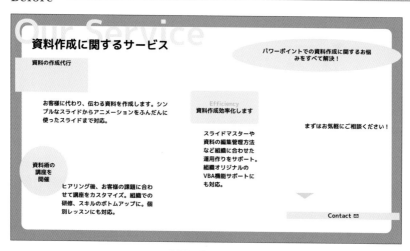

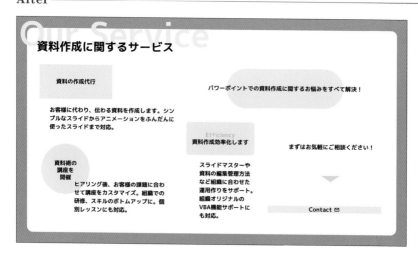

変更Point──────

「After」のスライドでは、余白をとる修正を加えています。気をつける点は、**スライドの余白と図形の余白**です。余白が狭い場合、力強い印象を与えることができますが、その余白が意図して作られていない場合はただ窮屈な印象しか与えません。まずは基本の余白がきちんと確保できるようにしましょう。

● スライド周囲の余白を確保して余裕を持たせる

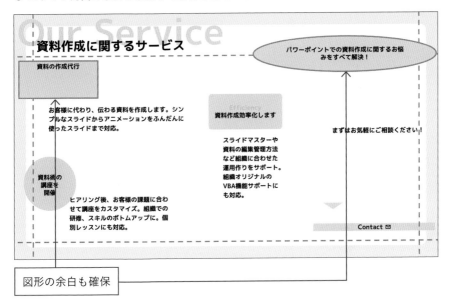

●スライドに「何も入れないスペース」を作る

　余白をとることはデザインの基本です。とはいえ、真っ白なスライドのまま、タイトルや図を入れていけば余白を気にせずスライドいっぱいに情報を入れたくなります。本節の例では文字や図形を入れてから余白をとっていますが、**何も入れないスペースを最初に作る**ために、資料を作り始め

る前にガイド線を設定することをおすすめします。ここでは第2章で紹介したスライドの型を使うことを前提に、3分割の方法を紹介します。

● 3 分割全体レイアウトの余白例①　表紙・扉等

何も入れないスペース

			8.6
15.8	5.4		5.4	15.8
			2.9
			2.9
			8.6

グレーで表示している部分は、メインコンテンツは入れないスペースです。基本コンテンツのスライドであれば、スライドタイトルやロゴ、クレジット、ページ番号等だけが入ります。

　ガイド線の位置も参考で入れていますが、上下の余白を広くとるパターン等、幅広いアレンジが可能です。背景のデザインと重なる場合や、もっと余白が必要な場合は調整してください。

● 3 分割全体レイアウトの余白例②　基本コンテンツ：スライドタイトルあり

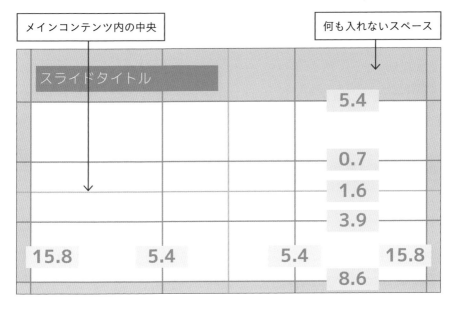

⭕ ガイド線を設定しよう

● ガイド線の表示 / 非表示

①[表示]から[表示]内②[ガイド]にチェックを入れる

 時短ワンポイント

ガイド線を表示するショートカットキー：[Alt]＋[F9]

● ガイド線の追加

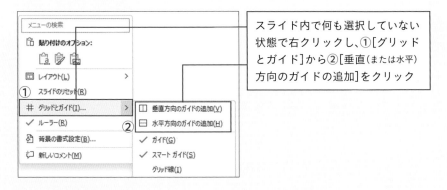

スライド内で何も選択していない状態で右クリックし、①[グリッドとガイド]から②[垂直（または水平）方向のガイドの追加]をクリック

● ガイド線の削除

削除したいガイド線の上で右クリックし、[削除]または削除したいガイド線をスライドの外までドラッグします。

● ガイド線が削除できない場合

スライドマスターで設定されたガイド線は、編集画面では操作できません。スライドマスターの編集画面から該当レイアウトのガイド線を操作してください。

● 文字と図形の端にスペースを作る

　意図的に余白をとらない場合を除き、**図形と文字が重なる場所は文字と図形の端に余白をとりましょう。**

● 図形に余白を持たせる

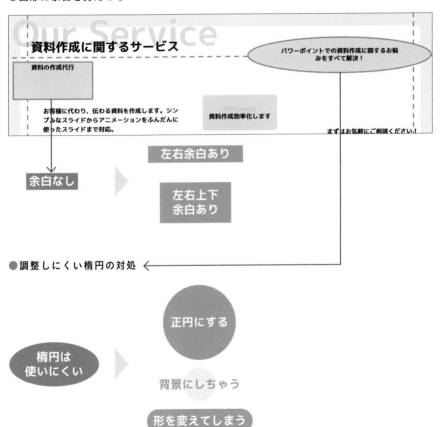

　楕円等、同じ図形のままでは余白がとりにくいものは、形を変えたり色を薄くしたりして背景として使うこともできます。

○ 視線を誘導する配置にする

Before

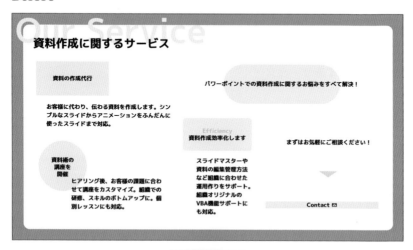

After

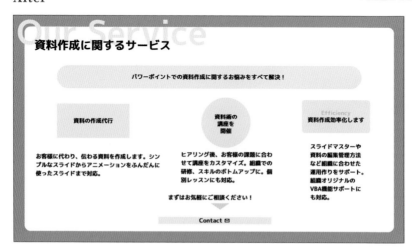

変更 Point──────────

「Before」のスライドのままでは、「どこから見ればよいか」と目線が迷子になってしまうので、**情報（要素）を視線の流れに合わせて配置**するように変更を加えました。

● 左から右に情報を並べる

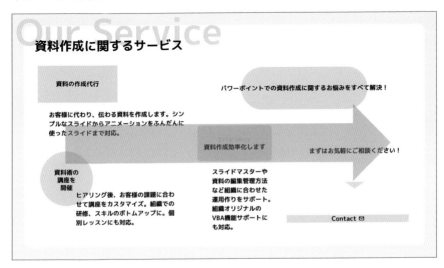

　「Before」のスライドを見て感じたかもしれませんが、ランダムに並べられた情報では無意識に「どこから見ようか？」という疑問が生まれてしまいます。そんな資料でプレゼンや説明をしていると、肝心な話を聞いてもらえなくなります。資料を見ている人にとってノイズにならないように要素の並べ方にも気をつけましょう。

●「左から右」「上から下」に配置する

　横書きになるスライドの場合、**要素の並びは左から右または上から下に**なるようにします。手順や沿革など時間の要素がある場合は過去から未来へと配置します。時間の流れがない場合は、説明する順に配置します。

　例えば、ストーリー構成の都合上、未来→現在→過去で話す場合であっても、右側に未来を置きましょう。左に未来を置いた場合、全体を見ると違和感が出てしまいます。話をすべて聞いている人は理解できますが、説明がない場合「なぜ過去の話が右側にあるの？」という疑問を抱かせてしまいます。プレゼンではアニメーション等を用いて、最初に右側に未来の話を出現させれば「あ、過去が左側にくるんだな」という心がまえもできるので演出としても使えます。

● 目線のイメージ

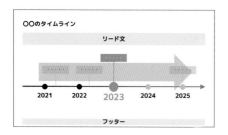

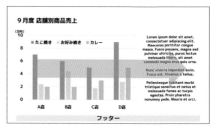

●情報が多くなったら「Z型」に配置する

　情報が多くなってくると情報を左から右、上から下に配置するだけではスライドに収まらない場面が出てきます。そんなときは左から右、上から下を繰り返すZ型を使います。

●折り返す「Z型」

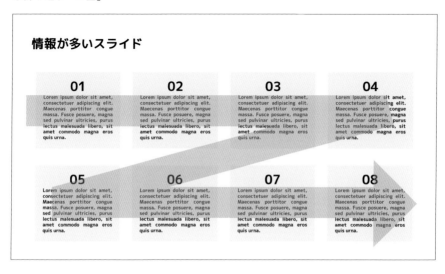

　Z型は配布資料や読んでもらう情報量が多い資料に活躍します。また、項目が多い内容の全体像を見せる手段としても有効です。

　ただし、全体像を見せる必要がない場合は、単に情報量が多くなりすぎている可能性もあるので、情報の絞り込みやスライドを分けることも視野に入れましょう。

Chapter 3

03

まとめてそろえて 魔法の資料の構造を 見せる

わかりやすく整える魔法

○ 情報の構造と印象を整える

　文字が見えるようになったら、次は**パッと見て情報の構造がわかる**ように します。情報の構造というと難しそうに聞こえますが、関連する情報を まとめ、きれいに並べるだけです。また、同じサイズ・形の図形を繰り返 し使うことで資料全体の印象を整えることができます。

まとめてそろえる流れ

✦ 調整前のサンプルスライド

一昔前に見かけた、
情報が多すぎるスライド

✦ 全体を整える

余計な色使いをやめて、フォントを統一してフラットな状態にしたもの。ここからが勝負！

✦ まとめる・区切る

関連する情報をグループ化し、情報の境目を明確にする

✦ 形・表現をそろえる

図形の使い方・文字の表記を統一して、情報の関連を明確にし、資料全体の印象の統一化を図る

✦ サイズをそろえる

並列の関係であることを明確にし、資料全体の印象の統一化を図る

✦ 位置をそろえる

決めた余白を使いながら、要素の位置を整えて、整然と見せる

⭕ まとめる・区切る

Before ─────────────────────────────

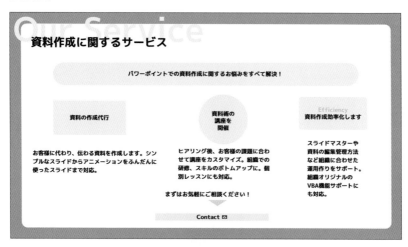

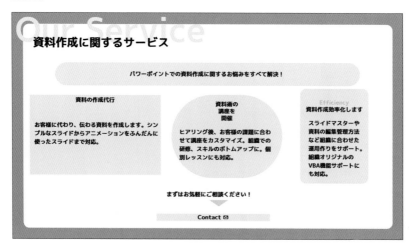

After ─────────────────────────────

情報の塊が一目でわかるように、**関連する情報をグループ化**します。前の
ページの例では、図形を使ってグループを表現しています。

● 関連する情報をまとめる

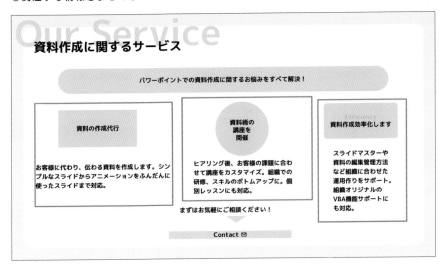

　情報の理解速度を速めるために、関連する情報ごとにグループを作りま
す。人間の脳は距離が近くまとまったものを関連性が高いと感じる作用が
あります。

　デザインの4原則と呼ばれるうちの一つで、文字や図形・画像などの距
離をコントロールして関連性を生み出す**「近接」**にあたります。

　図形を使った方法以外にも、余白・線等を使ってまとめたり、区切った
りすることでグループを作ることができます。

● 余白でまとめる

　情報のグループごとに間隔を空けてまとまりを明確にします。スライド内の情報が少なく余白が広いスライドで有効です。

● 余白でまとめた例

Create **資料作成代行**	Training **資料術講座**	Efficiency **資料作成効率化**
お客様に代わり、伝わる資料を作成します。シンプルなスライドからアニメーションをふんだんに使ったスライドまで対応。	ヒアリング後、お客様の課題に合わせて講座をカスタマイズ。組織での研修、スキルのボトムアップに。個別レッスンにも対応。	スライドマスターや資料の編集管理方法など組織に合わせた運用作りをサポート。組織オリジナルのVBA機能サポートにも対応。

● 図形でまとめる

　グループ全体を図形で囲う方法です。線で区切るよりもよりグループ感が強調される表現になります。グループ自体が図形により大きくなるので、詰まりすぎな印象にならないように注意しましょう。

● 図形でまとめた例

Create **資料作成代行**	Training **資料術講座**	Efficiency **資料作成効率化**
お客様に代わり、伝わる資料を作成します。シンプルなスライドからアニメーションをふんだんに使ったスライドまで対応。	ヒアリング後、お客様の課題に合わせて講座をカスタマイズ。組織での研修、スキルのボトムアップに。個別レッスンにも対応。	スライドマスターや資料の編集管理方法など組織に合わせた運用作りをサポート。組織オリジナルのVBA機能サポートにも対応。

● 線で区切る

　グループの間に線を入れることで区切りを作ります。情報が多く、余白がとりにくい場面でも使えます。ただし、線が太すぎたり色が濃かったりするとノイズになるので、細く色が薄い線から調整していきましょう。

● 線で区切った例

Create **資料作成代行**	Training **資料術講座**	Efficiency **資料作成効率化**
お客様に代わり、伝わる資料を作成します。シンプルなスライドからアニメーションをふんだんに使ったスライドまで対応。	ヒアリング後、お客様の課題に合わせて講座をカスタマイズ。組織での研修、スキルのボトムアップに。個別レッスンにも対応。	スライドマスターや資料の編集管理方法など組織に合わせた運用作りをサポート。組織オリジナルのVBA機能サポートにも対応。

● 色で区切る

　色で区切りを作る方法もあります。カテゴリー別の分類等を表現するときには有効です。ただし、色が増えることによる見づらさが生じないように注意しましょう。

● 色で区切った例

Create **資料作成代行**	Training **資料術講座**	Efficiency **資料作成効率化**
お客様に代わり、伝わる資料を作成します。シンプルなスライドからアニメーションをふんだんに使ったスライドまで対応。	ヒアリング後、お客様の課題に合わせて講座をカスタマイズ。組織での研修、スキルのボトムアップに。個別レッスンにも対応。	スライドマスターや資料の編集管理方法など組織に合わせた運用作りをサポート。組織オリジナルのVBA機能サポートにも対応。

◯ 形・表現をそろえる

Before ─────────────────────────────

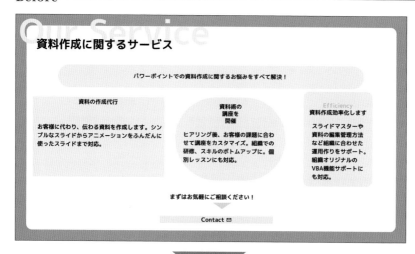

After ─────────────────────────────

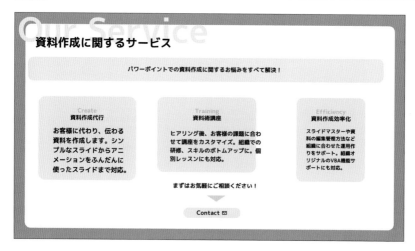

変更Point——

今回は図形をすべて角丸四角形にそろえて、丸みを持たせるデザインにします。また、各サービスの文字表現もそろえます。

●表現をそろえる要素

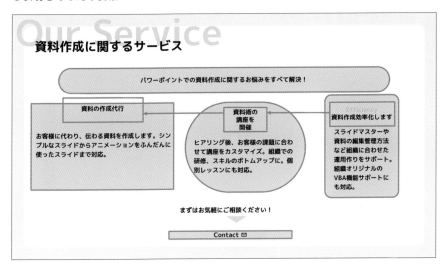

　整えるデザインの場合でも、**資料全体を通して同じ図形または似た図形でそろえることで資料の統一感を出す**ことができます。

　この図形や色・表現をルール化してデザインの一貫性やリズムを生み出すことが、デザインの4原則の一つである**「反復」**です。

 時短ワンポイント——

　そろえたほうがよい要素：フォント、配置、文字サイズ、図形サイズ、箇条書きマーカー、配色、あしらい等

◯ サイズをそろえる

Before

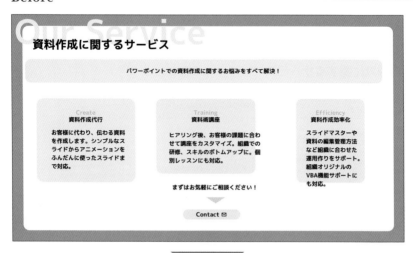

After

変更Point────

並列の情報となるグループのサイズをそろえます。外側の図形だけでなく、中の文章の行長も合わせます。

●サイズをそろえる場所

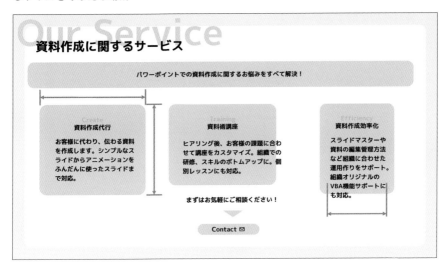

　前ページの例では明らかにサイズが違うものを用意しているので一目瞭然ですが、実際に作っているスライドではここまでの差は出ないと思います。ただ、人間の目は意外と敏感で1ミリでもサイズが違えば無意識に違和感を持ってしまいます。その違和感が出ないようにサイズは目視ではなく、数値で合わせていくようにしましょう。

◯ 位置をそろえる

Before

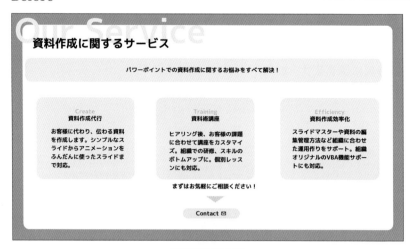

After

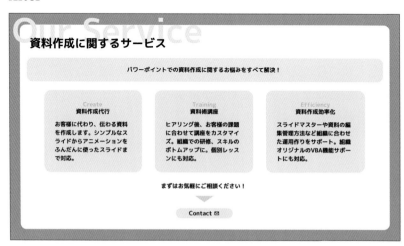

変更Point────────────────────────────

リード文がスライドの中央に配置されるように調整します。また、各サービスの情報も間隔を等間隔にし、さらに3つをグループ化して中央にそろえます。

●位置をそろえる場所

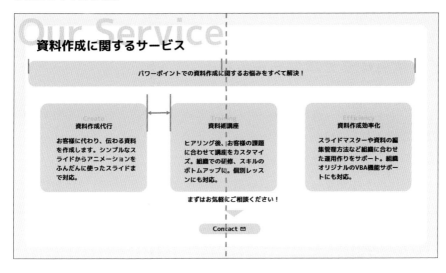

位置は基本的にPowerPointの機能を使ってそろえていきます。ですが、右の図のように余白の影響等で機能を使ってもずれているように見えるときがあります。違和感がある場合は目視でも微調整していきます。

● 余白の違いにより図形でそろえても文字がそろわない

大きさやサイズをそろえて秩序のある配置にすることは、デザインの4原則の一つ **「整列」** にあたります。

Chapter 3

04

大事なところを大事だと伝える

わかりやすく整える魔法

⭕ 情報の優先順位を決める

　ここまできたら、後は飾りつけたいところですが、この章で説明するのは飾るデザインではなく、見やすさのための基本デザインです。最後にすることは、**伝えたいことを見せるための調整**です。

　資料は作り手が思っているほど隅々まで見てもらえるわけではありません。伝えたいことをしっかり伝えるためには、どんな構造で、どこが重要なのかが一目でわかるようにする必要があります。

　そのためには、スライド内で何が重要か、どんな順番で話をするのかを再度確認していく必要があります。さて、サンプルスライドではどんな優先順位がつけられるでしょうか？

● 調整前のサンプルスライド

優先順位をつけて強調する

　スライド内の情報に優先順位をつけることができれば、後はその情報を強調していくだけです。単純に「ここは強調したいから赤色！」とするのではなく、ほかと比べて強調して見える表現をここでは紹介します。

✦ 文字サイズで順位をつける

タイトル→サブタイトルの順で強調。大きいものが優先的に目に留まりやすい

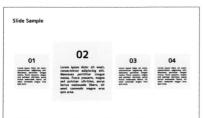

✦ 図形サイズで順位をつける

「02」を強調。並列の情報の中で一つだけ大きく表示すると目立つ。大きくする場合は、少しではなく思い切って！

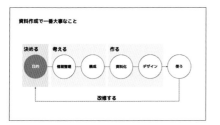

✦ 色で順位をつける

目的を強調。モノクロで作れば、色をつけた部分だけが目立って強調表現になる

✦ あしらいで順位をつける

ほかとは違う図形等を加えることで強調を表現。強調が難しい場合は、強調したい場所以外を小さくまたは薄くするとより強調が際立つ

⬤ 優先順位に沿って違いを作る

Before

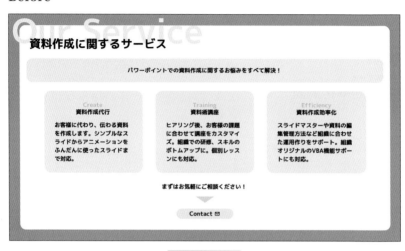

After

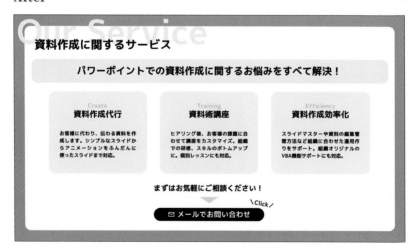

伝えたい順を、①リード文、②サービス名、③コンタクトとした場合で、ほかとの違いを作ります。

● 伝えたい順を確認する

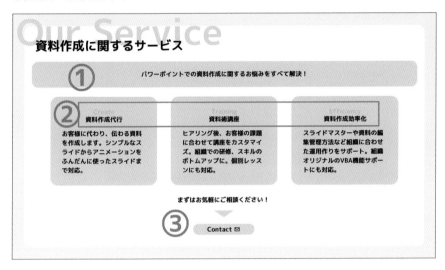

　リード文は一番に見てもらう場所なので、文字を大きくしています。サービス名も文字を大きくしつつ、リード文より控えめにするために図形の色をグレーにし、説明文のサイズを下げています。

　最後に「問い合わせしてほしい」という思いを込めて「Contact」を「メールでお問い合わせ」に変え、黒とあしらいを使って強調しています。違いを作ることはデザインの4原則の一つで、優先順位による強弱で資料にメリハリをつけます。

● 塗りつぶしで強調する

塗りつぶしの有無で分けて強調する方法です。

●塗りつぶしで強調した例

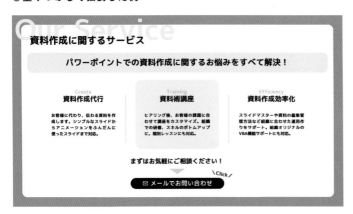

● 枠線で強調する

強調したいポイントのみに枠線をつけて強調する方法です。太めの線ではっきりと入れると効果的です。

●線で強調した例

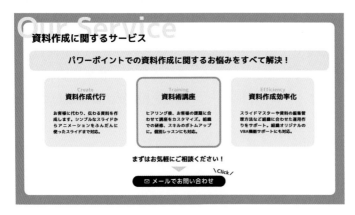

● サイズとあしらいで強調する

強調するときははっきりと大きくすることでわかりやすくなります。

● あしらいで強調した例

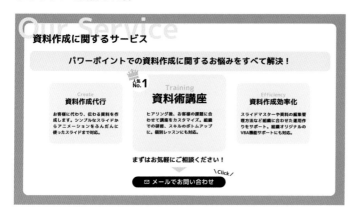

● 優先順位が変われば配置も変わる

　問い合わせの案内を最優先にしたい場合は、レイアウトを変えて問い合わせを大きくします。デザインが変わるので優先順位が大事になります。

● 配置を変えた例

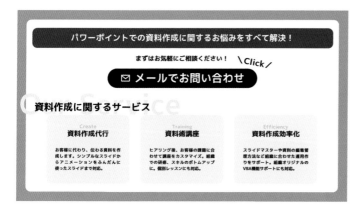

「動かす」魔法は
最低限に

わかりやすく整える魔法 ───────

◯ アニメーションは必要な場合のみ

　PowerPointの醍醐味の一つは、簡単に多彩な動き（アニメーション）をつけて動く資料が作れるという点にあります。適切な動きは非常に効果的な役割を果たします。ですが、調整していない動きはもっさりとして見にくくなったり、動きが増えることによる編集負荷が増えたりします。また、プレゼン中の動きを嫌う人もいます。誰に向けた資料にするか、どんな動きにするか、目的と照らし合わせて本当に必要な場合に使うようにしましょう。

◯ 動きに役割を与える

　実際に動きをつけるときには、その動きにどんな役割を与えるのかを意識しましょう。資料につける動きの役割には大きく分けて、①順序を示す、②強調する、③演出するの3つがあります。

●①情報の順序を示す動き
　一番使いやすい動きの役割です。一度にスライドの内容全体を見せるの

ではなく、説明に合わせて一つずつ出していく動きが向いています。

●②情報を強調する動き

　話の途中で「ここを見てほしい」と話の場所を強調する役割を与えます。人は動いているもの、変化しているものを見てしまう習性があるので、ここぞというときに入れることをおすすめします。

　強調する場所に別の図形を追加したり、色やサイズを変えたりする方法もあります。

●③切り替え等を演出する動き

　説明や強調には関係なく、雰囲気を演出する際に動かす手法です。特に、扉のスライドなどに「話が切り替わりますよ」という意味で画面切り替えを使ったりします。スライド内に演出の動きを入れる方法もありますが、やりすぎると見ている人のノイズになるため控えめにしましょう。

　シンプルに早く作るには、アニメーションや画面切り替えで動きを追加する必要はありません。時間に余裕があるとき、力を入れたいスライドのみに設定していくようにしましょう。

　とはいえ私自身、PowerPointが好きな理由の一つがアニメーションや画面切り替えで動きがつけられる点です。手軽に自在に動く資料が作れるなんてワクワクしませんか？　シンプル資料のためには不要ですが、より効果的な資料にするには有効な手段と考えています。ただ、動きも奥が深く、アニメーションや画面切り替えの話をするとかなりマニアックになるので、本書では割愛します。

　またどこかでお話しできる機会があれば……。

COLUMN

◯ 表現力を上げる近道？

　「パワポの表現力を上げたいのですが、何かいい方法はありませんか？」
　私と同様に資料作成を仕事にしている同業の方からも聞かれる質問がこれです。
　答えは、
「身の回りにあるものをパワポで作り続ける」
　ただそれだけです。
　最近はネット検索や、写真共有サービスのPinterest（ピンタレスト）などでも「きれいな資料」はすぐに見つけられます。普段何気なく見ているテレビや動画・広告・雑誌などもそうです。ネタはいたるところに転がっています。
　もちろん、完全にトレースしたものを「自分で作りました」と発表するのはよくないですが、自身のトレーニングとして「これパワポでできるかな？」とチャレンジすることはとても大事です。
　PowerPointの機能を知るだけならすぐにできます。ただ、それをどのように使うか、また何をどう表現するかは日々トレーニングするしかありません。
　PowerPointでの資料作成の世界に足を踏み込んだ人は、目に入るすべての情報を、息をするように自然に「パワポではこうやればできそうだな」と思えるようになるでしょう。あなたの知らないPowerPointの世界、皆さんの参加をぜひお待ちしています。

Chapter 4

作り込みの準備
素早く作る魔法

PowerPoint資料のメリットは、編集して使い回せることです。まずは編集しやすい資料を作るための「PowerPoint操作の基本」で時間の短縮を図りましょう。

よく使う機能で作る
オリジナルメニュー
クイックアクセスツールバー

素早く作る魔法

PowerPointの基本機能はすべてリボンの中から選べるようになっています。ですが、機能がたくさんあってタブの切り替えが手間になることはよくあります。小さな積み重ねですが、機能を探し選ぶ時間が意外とストレスになります。そこで、おすすめなのが「クイックアクセスツールバー」です。

● クイックアクセスツールバーに機能が並んでいる状態

ここでは、クイックアクセスツールバーの初期設定と機能の登録方法について解説します。

クイックアクセスツールバーは一度設定したら終わりではなく、自身の使い方やスキルに合わせてクイックアクセスツールバーを更新していきましょう。

○ クイックアクセスツールバーを使いこなそう

● クイックアクセスツールバーを下に表示する

初期設定では左上にありますが、リボンの下に表示することで、編集画面から近く機能を選びやすくなり時短になります。

クイックアクセスツールバーの一番右側にある①[クイック アクセス ツール バーのユーザー設定]をクリックし、②[リボンの下に表示]をクリック

クイックアクセスツールバーがリボンの下に表示された

● コマンドラベルを非表示にする

機能を説明するコマンドラベルを非表示にします。慣れないうちはラベルを表示したままでもいいですが、非表示にすることでより多くの機能を並べることができます。

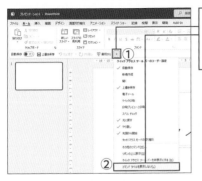

①クイック アクセス ツール バーのユーザー設定をクリックし、②[コマンド ラベルを表示しない]をクリック

コマンドラベルが非表示になった

● 右クリックで機能を追加 / 削除する

機能を追加するには、タブの中にある機能名を右クリックして追加することができます。普段の作業で頻繁に使う機能を登録していきましょう。

①登録したい機能(ここでは[配置])を右クリックし、②[クイック アクセス ツール バーに追加]をクリック

クイックアクセスツールバー
に機能が追加された

　削除する場合は、クイックアクセスツールバーにある削除したい機能の上で右クリックすると、［クイック アクセス ツール バーから削除］というコマンドが出てくるのでクリックしてください。

●PowerPointのオプションから機能を並び替える

　右クリックで機能の追加はできますが、機能の並び替えができません。ある程度機能を追加した後は、使いやすいように並び替えてみましょう。
　クイックアクセスツールバーの細かい設定はPowerPointのオプションから設定することができます。

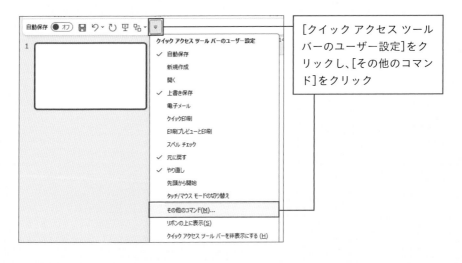

［クイック アクセス ツールバーのユーザー設定］をクリックし、［その他のコマンド］をクリック

[PowerPointのオプション]
画面が表示された

右側にクイックアクセスツールバーに登録されて
いる機能が表示されている

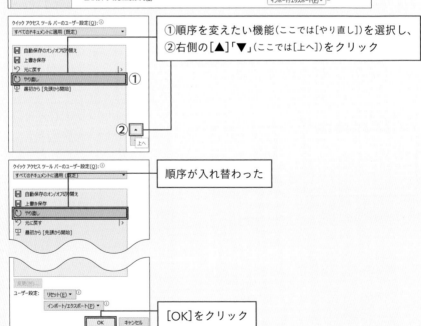

①順序を変えたい機能(ここでは[やり直し])を選択し、
②右側の[▲]「▼」(ここでは[上へ])をクリック

順序が入れ替わった

[OK]をクリック

●PowerPointのオプションから機能を追加 / 削除する

PowerPointのオプションからも機能を追加 / 削除することができます。

①追加したい機能(ここでは[アウトライン[アウトライン表示]])を選択し、② [追加]をクリック

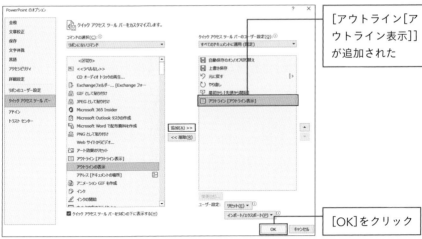

[アウトライン[アウトライン表示]]が追加された

[OK]をクリック

PowerPointTips

削除する場合は、削除したい機能を選択し、
[削除] をクリックします。

資料の良し悪しの9割は
テキストの扱い方で決まる

素早く作る魔法

　資料には必ず文字（テキスト）を挿入します。PowerPointではテキストボックスや図形にテキストを入れていきますが、文字の設定を知って使いこなせば資料作成や編集作業の負担を減らすことができます。基本の設定になるので、ぜひ覚えて活用してください。

○ テキストボックスの挿入は用途で変える

　テキストボックスは挿入方法によりサイズと折り返しの設定が変わります。テキストボックスは、［ホーム］タブから［図形描画］の［テキストボックス］をクリックします。

● 短文用にはクリックで挿入

　クリックで挿入すると、入力したテキストの長さに合わせてテキストボックスのサイズが変わります。
　単語や1行以内のフレーズを入れるときに使います。

● 長文用にはドラッグで挿入

　ドラッグで挿入すると、テキストボックスの幅に合わせてテキストの折り返しが発生します。長文の説明を入れるときに使います。

◯　テキストと図形は一体型に

2つよりも

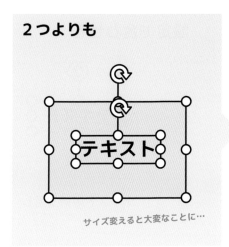

サイズ変えると大変なことに…

1つのオブジェクト

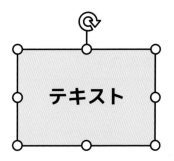

サイズも色も変えやすい

　見出しや強調したい文字は、文字の下に図形を配置する表現をすることが多くあります。そんなとき、図形の上にテキストボックスを重ねて別々で作ってしまうケースを見かけます。この作り方では下の図形のサイズを変更したときに文字の位置がずれるため、再調整する手間が増えてしまいます。可能な限り図形とテキストは一体化するようにしましょう。

　ただし、図形を複雑に重ね合わせた表現をするときや広い範囲を図形で塗りつぶすときは、図形とテキストを別々で作る場合もあります。**図形やテキストボックスなどのオブジェクトが、必要最低限の数となるようにまとめながら作っていきましょう。**

◯ 折り返しと自動調整で動きを制御

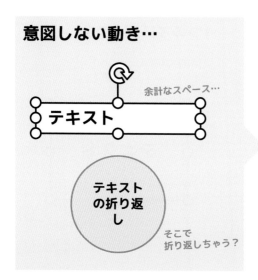
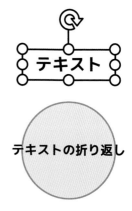

テキストの扱いを効率化するには、テキストに合わせて意図したように図形が動いてくれるように設定することが重要です。例えば、上図の左にあるテキストボックスでは、テキストボックスの右に無駄なスペースが入っています。見た目上は問題ありませんが、実際に編集する際に範囲選択して選択漏れが発生したり、塗りつぶしを設定したりしたときに意図しない場所まで色がついてしまいます。

また、オートシェイプの初期設定では図形に合わせて自動で折り返すようになっています。折り返しが良い悪いではなく、**実際の編集で折り返しが必要な場面かどうかを見極めて設定する**ようにしましょう。

PowerPointTips

テキストの折り返しと自動調整は［図形の書式設定］から設定することができます。

①図形やテキストボックスを選択

②右クリックして［図形の書式設定］をクリック

③［サイズとプロパティ］をクリック

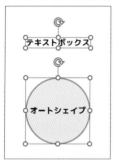

④［テキスト ボックス］内で設定

 スライドワンポイント

どの設定にすればいいか悩んだときは、以下の設定で試してみてください！

・単語やフレーズ：［図形内でテキストを折り返す］にチェックを入れない
・長文：［図形内でテキストを折り返す］にチェックを入れる
・図形サイズが変わらないでほしい：［自動調整なし］を選択
・図形サイズも変わってほしい：［テキストに合わせて図形のサイズを調整する］を選択

○ 箇条書きの肝は改行と改段落

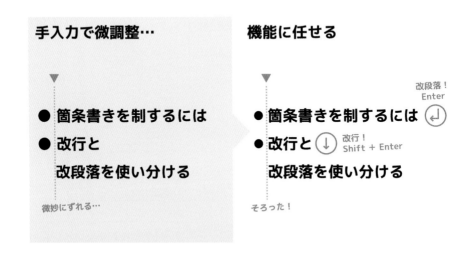

手入力で微調整…

箇条書きを制するには
改行と
改段落を使い分ける

微妙にずれる…

機能に任せる

箇条書きを制するには

改段落！
Enter

改行と

改行！
Shift + Enter

改段落を使い分ける

そろった！

　箇条書きの機能も、PowerPointではよく使う機能の一つです。箇条書きのように見せて記号や番号を入力した作り方を見かけます。例えば「01」のような設定にない番号表現を使いたい場合は仕方がありませんが、記号で見せる箇条書きの場合は、箇条書きの機能を使いましょう。

　そこで大事になってくるのが、改行と改段落の使い分けです。箇条書きを使うときにすべて Enter キーで改行してしまうと、意図しないところに記号が入ってしまう。それを消すために Back space キーで消しても文頭がそろわない……といったことが起こります。PowerPointでは、箇条書きのアイコンにカーソルを合わせると、[箇条書きの段落を作成します。]という解説が表示されます。つまり記号は各段落の先頭につくのです。 Enter (←) キーで改段落、 Shift + Enter (↓) キーで改行されることを覚えておきましょう。これだけで手作業による調整が不要になります。

⭕ レベルの上げ下げで情報を構造化

箇条書きの構造は…

1. PowerPoint
2. プレゼンソフト
3. Excel
4. 表計算ソフト
5. Word
6. 文書作成ソフト

レベルを使う

番号も自動で変わる

レベル下げ

1. PowerPoint
→ 1. プレゼンソフト
2. Excel
→ 1. 表計算ソフト
3. Word
→ 1. 文書作成ソフト

　箇条書きでは情報の構造を表現することもできます。例えば、文章をテキストボックスに見出し→説明の順で書きます。そのまま段落番号の設定をすると、上記左側のように1~6まで番号が振られてしまいます。そこから説明文のレベルを下げて、見出しにぶら下がるように設定することができます。先頭の位置がそろうので不要な位置調整に時間が奪われません。

 PowerPointTips

　ショートカットキー「レベルの増減」は2つあります。

・カーソル位置が段落の先頭のみで有効：Tab キー / Shift ＋ Tab キー
・カーソル位置が段落の中どこでも有効：Alt ＋ Shift ＋ ← または → キー

 ── [ホーム]から[段落]内の[インデントを減らす / 増やす]

○ 段落の入れ替えにコピペは不要

箇条書きの構造は…

1. Excel
2. Word　もちろん一番上にしたい！
3. PowerPoint
4. OneNote
5. Teams

レベルを使う

1. PowerPoint
2. Excel
3. Word
4. OneNote
5. Teams

　箇条書きを作った後、段落を入れ替えるときにどんな操作をしますか？
切り取って貼り付け……していると日が暮れてしまいます。
　先のレベル上げ下げと似たショートカットキーなので、合わせて覚えて
おくと便利です。

 PowerPoint Tips

カーソル位置が段落の中どこでも有効です。

・　段落の上下移動するショートカットキー： [Alt] ＋ [Shift] ＋ [↑]
　　または[↓]キー

・　段落レベルの上げ下げをするショートカットキー： [Alt] ＋
　　[Shift] ＋[←]または[→]キー

◯ テキストの頭はタブでそろえる

● タブを挿入

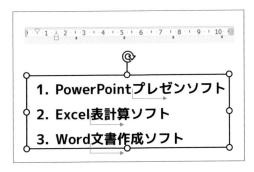

テキストボックス内で情報を分ける表現をするときは、タブ機能でそろえることができます。タブ位置を挿入したい場所にカーソルを入れて、Tab キーを押すだけなので簡単です。

スペースで調整すると先頭が微妙にずれることがあります。また、複数のテキストボックスを使うと位置揃え等の後の編集に手間がかかってしまいます。タブ機能を使えば、一括で位置をそろえることができます。

○ タブの規定値を使いこなす

　フォントサイズや表現によりタブ間隔の調整が必要な場面が出てきます。ここでは2種類の調整方法を紹介します。

● マウスでタブ位置を調整する

　マウスでタブ間隔を調整するときは注意が必要で、**タブ間隔を反映させたい図形内のテキストをすべて選択**しておく必要があります。部分的に選択した状態だと、図形全体に反映されないので注意してください。テキストを選択している状態で上に表示されている「ルーラー」の小さな四角を左に動かせばタブの間隔を変えることができます。

PowerPoint Tips

　ルーラーの表示方法は以下の通りです。

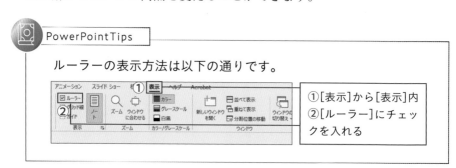

①[表示]から[表示]内
②[ルーラー]にチェックを入れる

154

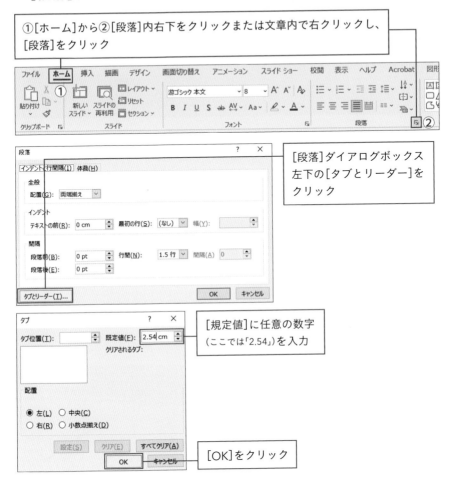

● [段落] ダイアログボックスでタブ位置を調整する

①[ホーム]から②[段落]内右下をクリックまたは文章内で右クリックし、
[段落]をクリック

[段落]ダイアログボックス
左下の[タブとリーダー]を
クリック

[規定値]に任意の数字
(ここでは「2.54」)を入力

[OK]をクリック

　文字位置の調整は、ほかにもWordと同じようにインデントやタブセレクターを使う方法もあります。もっと細かく複雑に設定ができるので、タブの規定値に慣れたらほかの方法も学んでみてもよいでしょう。

図形を扱いやすくする
小さな魔法あれこれ

素早く作る魔法

　テキストの扱いに慣れれば次は図形（オブジェクト）の扱いです。図形を挿入したりサイズを変えたりコピーしたりと操作は意外と多岐にわたります。自分の手足のように図形を扱えるようにしましょう。

◯　縦横比固定でサイズを変更する

挿入時

変更時

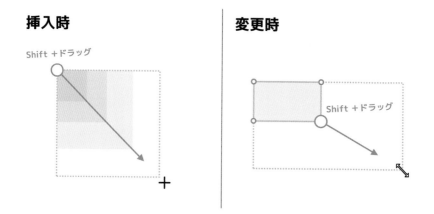

　[Shift]キーを押しながら挿入すると、正方形や正円にすることができます。また、挿入されている図形の四隅を[Shift]キーを押しながら動かすと、縦横比が固定されたままサイズを変えることができます。

○　中央基点でサイズを変更する

挿入時

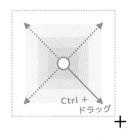

Ctrl +
ドラッグ

変更時

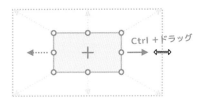

Ctrl +ドラッグ

　Ctrl キーを押しながら挿入すると、図形サイズの基点が中央の状態になります。また、挿入されている図を Ctrl キーを押しながら動かすと、右側を動かせば左側も動くというように、対応した反対側も同じように変化します。

　Shift キーと Ctrl キーを同時に押しながらドラッグすると、縦横比を固定しながら中央基点で動かすこともできます。**実際に入れたい図形や変えたいサイズに一気に近づけるほうを選んで**時短につなげましょう。特に、Shift **キーを使った縦横比固定は絶対使えるようにしましょう。**

○ 15度単位で回転させる

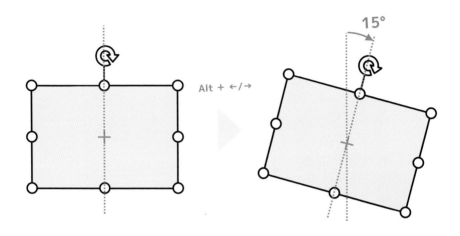

Alt + ← / →

15°

オブジェクト選択時に表示される矢印の部分を動かせば、オブジェクトを回転させることができます。**Shift キーを押しながら動かせば、15度単位でスナップがきくようになる**ので、ほかのオブジェクトの角度とも合わせやすくなります。マウス操作で合わせにくい場合はショートカットキー Alt + ← または → キーで操作することもできます。どうしても1度単位で動かしたい場合は Alt + Shift + ← または → キーで動かせます。

ここで注意したい点があります。テキストが入ったオブジェクトを回転させると、テキストも一緒に回転してしまいます。やむを得ず背景の図形だけ回転させたい場合は、オブジェクトが増えて編集に手間がかかってしまいますが、図形とテキストを分けて作るほうがよいでしょう。

◯　水平垂直移動で整列の手間を減らす

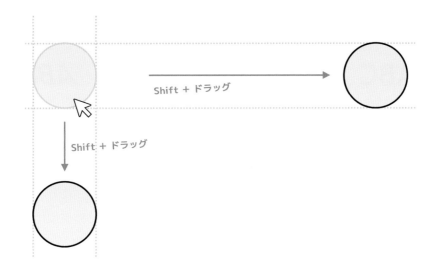

Shift + ドラッグ

Shift + ドラッグ

　オブジェクトを一発で目的の位置に配置できればよいですが、実際には挿入後に位置を微調整したり、入れ替えたりする作業が発生します。オブジェクトを移動させる基本のテクニックとして、 Shift キーを押しながらドラッグして移動させると、水平 / 垂直方向への移動ができます。

　整列し終えたオブジェクトも、水平 / 垂直に動かすことによってもう一度そろえる作業が発生しないように、「 Shift キーを押しながらドラッグ」の移動もマスターしておきましょう。

○ 基本の動き、コピペを使いこなす

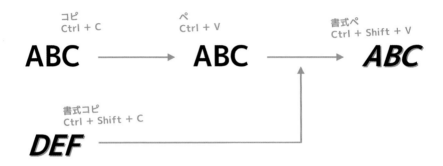

　必ず出てくる作業の一つが「コピー＆ペースト」です。右クリックの操作や［ホーム］タブからもコピー＆ペーストはできますが、PowerPointだけに限らずExcelやWord、その他のソフトでも共通の操作なので、ショートカットキーを覚えておきましょう。

　通常の「コピー＆ペースト」ではオブジェクトを増やす操作になりますが、**PowerPointでは塗りつぶしや線・文字の色等の書式をコピーすることもできます。**すでに存在しているオブジェクトに同じ書式を適応したいけれど作り直すのは大変……というときに役立ちます。

 時短ワンポイント

・コピー：[Ctrl]＋[C]キー

・ペースト：[Ctrl]＋[V]キー

・書式コピー：[Ctrl]＋[Shift]＋[C]キー

・書式ペースト：[Ctrl]＋[Shift]＋[V]キー

○ 同じスライド内では複製と連続複製

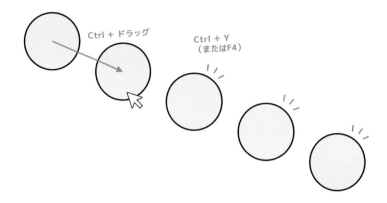

　オブジェクトを増やす方法はコピペ以外にも「複製」があります。複製したいオブジェクトを選択し、Ctrl キーを押しながらドラッグすることで複製できます。また、Ctrl キーと Shift キーを同時に押すことで水平／垂直方向に複製できて、整列にかかる手間を減らすことができます。

　オブジェクトを複製した直後であれば Ctrl ＋ Y （または F4 ） キーを押すと連続で複製することができます。

 PowerPoint Tips

・直前の操作を繰り返すショートカットキー： Ctrl ＋ Y （または F4 ） キー

直前に行った操作を繰り返すので、文字サイズの変更や図形の色を変えたときに同じ操作を別の図形に適応することができます。

○ 機能でそろえる整列のコツ

オブジェクトをそろえることが大事だと第3章でも紹介しました。手動でもそろえることはできますが、正確さを求めたり数が増えてきたりしたときの大変さははかりしれません。PowerPointには「整列」の機能があるので、使いこなせるようにしておきましょう。

● 「○端揃え」はそろえる側の一番端が基準

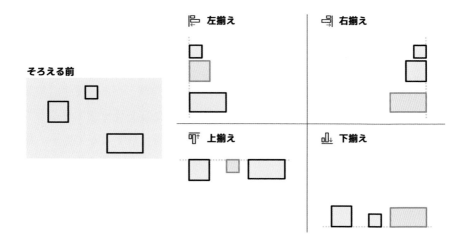

端にそろえる機能は、選択したオブジェクトの中で一番端にあるオブジェクトに合わせてそろいます。基準となるオブジェクトを指定できないのが弱点ですが、例えば左端で合わせたいときは、基準にしたいオブジェクトより右に移動してからそろえると手早くそろえることができます。

●中央揃えと整列は全体の位置が変わる

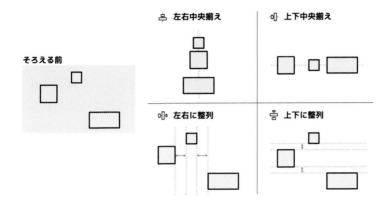

　中央揃えは、サイズ等の条件によって基準が決められることもありますが、基準がうまく決められないため全体が動いてしまう場合があります。全体の位置を調整しながら活用してください。

　[左右（上下）に整列]は、両端（上下）を基準として図形を均等に配置できます。例えば左右に整列させたい場合は、左端と右端のオブジェクトの位置を決めてから[左右に整列]を使うとうまく使えます。

●[スライドに合わせて配置]

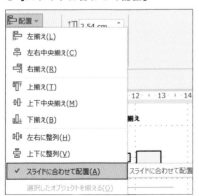

　また、初期ではオブジェクトを基準とした整列になりますが、整列機能の下のほうに[スライドに合わせて配置]という項目があります。基準をスライドとしたいときには便利なので活用してみてください。

⭘ グループ化で情報のまとまりを操作する

● まとまりごとにサイズ / 位置調整

　グループ化の最大のメリットは、**情報のまとまりを作ることができる**ことです。見出し＋本文などの情報のまとまりをグループ化することによって、全体のバランスを崩さずにサイズを変更したり、そろえた端を動かさずに配置場所を変えたりすることもできます。

● 大きいものから作って効率化

　グループ化したものを複製することで、統一感のあるスライドが作りやすくなります。 右の例のように、見出し＋本文の情報のグループを複製して使いまわしたいとき、一番テキストが長いもの（長くなりそうなもの）を先に作ります。大きいものにサイズを合わせておけば、後からのサイズ調整は必要最低限になります。また、仮で複製して配置したときに全体のバランスや情報量の判断もしやすくなります。

　ただ、グループ化にも弱点はあり、**プレースホルダー(スライド上に事前に設定された書式) や表など一部グループ化できない要素もある**ので注意してください。

 時短ワンポイント

・グループ化：Ctrl ＋ G キー
・グループ解除：Ctrl ＋ Shift ＋ G キー

●小さいものから作ると、サイズ変更の手間が発生する

元が小さいと…

調整が必要

同じサイズにしたいのに
はみでた。

Excel

owerPoir

Excelとは〜
Lorem ipsum dolor sit amet,
consectetuer adipiscing elit. Maecenas
porttitor congue massa. Fusce posuere,
magna sed pulvinar ultricies, purus
lectus malesuada libero, sit amet
commodo magna eros quis urna.

PowerPointがすき。
Lorem ipsum dolor sit amet,
consectetuer adipiscing elit. Maecenas
porttitor congue massa. Fusce posuere,
magna sed pulvinar ultricies, purus
lectus malesuada libero, sit amet
commodo magna eros quis urna.

●大は小を兼ねる作り方

テキストが多いものからだと……きれいに納まる

テキストを変えてもきれい！

PowerPoint

Excel

PowerPointがすき。
Lorem ipsum dolor sit amet, consectetuer
adipiscing elit. Maecenas porttitor congue
massa. Fusce posuere, magna sed pulvinar
ultricies, purus lectus malesuada libero, sit
amet commodo magna eros quis urna.

Excelとは〜
Lorem ipsum dolor sit amet, consectetuer
adipiscing elit. Maecenas porttitor congue
massa. Fusce posuere, magna sed pulvinar
ultricies, purus lectus malesuada libero, sit
amet commodo magna eros quis urna.

◯ 図形の結合で複雑な図形を作る

　既存の図形だけで資料を作り上げることができればよいですが、必ずしもそうとは限りません。場合により複雑な図形が必要になってくることもあります。そんなときに活躍するのが「図形の結合」です。

　色がついた円を先に選択して結合した結果を、以下に示します。

●図形の結合の5種類

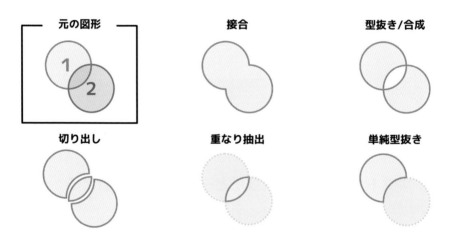

　図形の結合には5種類の機能があります。が、そのうち［結合］［重なり抽出］［単純型抜き］が使えるようになれば十分です。図形の結合を使う際に気をつけるポイントは、**最初に選択されたオブジェクトが基準になる**ということです。処理後の図形の書式は、最初に選択した図形の書式設定に準じます。

　図形の結合は図形だけではなく、画像やテキストでも使える機能なので、使い方次第では表現の幅を大きく広げてくれます。

●画像にも使える

画像を選択した後に図形を選択し、重なり抽出を行うと、以下のように
なります。

●テキストに使えば文字の図形化を実現

テキストを選択した後に図形を選択し、重なり抽出を行うと、以下のよ
うになります。

繰り返しの魔法スライドマスターを使いこなす

素早く作る魔法

○ 実は便利なスライドマスター

PowerPointで資料を作るとき、テンプレートやテーマを使われている方も多いと思います。ただ一方で、実際に制作する上で作り込まれたスライドマスターはあまり見たことがありません。たしかにスライドマスターを使わなくても形にはなりますし、アウトプットの見た目には何も変わりません。ですが、編集が発生するときや使い回し、大量に似たようなスライドを作るときには非常に役に立つ機能です。

スライドマスターは、一度作ってしまえば資料作成のたびにゼロから作り込む必要はなく、必要に応じた追加のみで済むので、一度チャレンジしてみてください。

● スライドマスターでできること一例

・基本ページのレイアウト一括管理
・全ページにロゴを入れる
・ページ番号の設定
・崩れたレイアウトもリセットで元通り

など、全体を通した設定を管理できるのでとても便利です。

○ スライドマスターはテーマの一部

　テーマとは、［デザイン］タブから選べるデザインのことで、以下のようなものがあります。

●PowerPointのテーマ例

　テーマにはそれぞれ、スライドマスター・配色パターン・フォント・既存の書式設定が含まれます。スライドマスターを作り込んだ後は「テーマ」として保存することができます。

● PowerPoint に用意されているテーマ

● テーマの構造と関連する設定

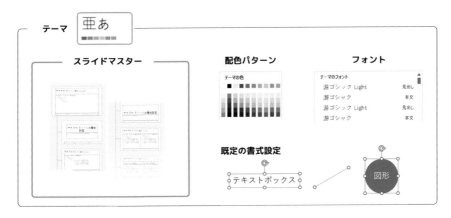

○ スライドマスターを見てみよう

①[表示]をクリックし、②[スライドマスター]をクリック

● スライドマスター編集画面

PowerPointTips

PowerPointの画面右下の一番左の［標準］アイコンを　Shift
キーを押しながらクリックすると、スライドマスターの編集画
面に移動することができます。

Shift+クリック！

マスターとレイアウトの関係を覚える

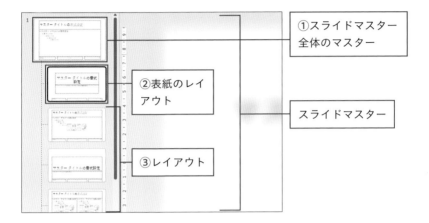

スライドマスター編集画面の左側に、現在のテーマに含まれるスライドマスターのレイアウトが表示されます。**1枚目はスライドマスター全体に関連するマスター**です。このマスターで全レイアウトに共通するタイトルやロゴ・背景を設定することができます。

2枚目は「表紙」のレイアウトです。PowerPointでは最初に挿入したスライドを表紙として扱うため、このレイアウトが自動的に反映されます。

3枚目以降が通常スライドのレイアウトになります。表紙レイアウトが適応されたスライドの次にスライドを追加すると、自動的に3枚目のレイアウトに移行します。また、3枚目以降のレイアウトを適応したスライドの次にスライドを追加すると、同じレイアウトが自動的に引き継がれて挿入されるようになります。

スライドマスター内の構造はパッと見ただけではわかりにくいですが、スライドマスターを活用するためには必要なことなので理解しておきましょう。

○ プレースホルダーを知る

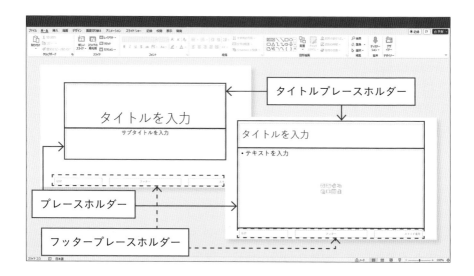

　プレースホルダーとは、新規でスライドを追加したときにあらかじめ設置されているテキストボックスのようなオブジェクトを指します。ビジュアル的に凝った資料であれば使う頻度は少なくなりますが、社内等で決まったレイアウトを作る機会が多い場面では資料作成の効率化に大きく影響してくるので、少しずつでも活用していくようにしましょう。

　プレースホルダーはスライドマスターであらかじめ書式を設定しておける優れものです。スライドマスターで設定した書式は、通常のスライドに反映され、同じ設定をしたり書式をコピーしたりする手間が省けます。

　編集画面で表示されているプレースホルダーで使わずに空白になっているものは、いちいち消さなくてもスライドショーや印刷では表示されない仕組みになっています。

　プレースホルダーはマスターで設定するものとレイアウトで使えるもの

があり、それぞれの特徴に合わせて使い分けてみてください。

●**使いやすいプレースホルダーの種類**

　マスターやレイアウトで使えるプレースホルダーはたくさんありますが、使用頻度の高いものをピックアップして紹介します。

● **プレースホルダーの種類**

プレースホルダーの種類	主な使用場面	マスター	レイアウト
マスタータイトル	全レイアウト共通のタイトルの書式を設定	○	
マスターテキスト	スライドマスター全体のプレースホルダーのテキスト書式を設定。段落ごとに設定も可能	○	
スライド番号	スライド番号の書式と配置	○	
フッター	会社名やコピーライトに使用	○	
タイトル	各レイアウトのタイトル書式		○
テキスト	リード文の領域や文章はもちろん、見出しの設定にも使用可能		○
図	画像の配置やトリミング		○

スライドマスターの魔法を作る

素早く作る魔法

○ マスターで余白を決める

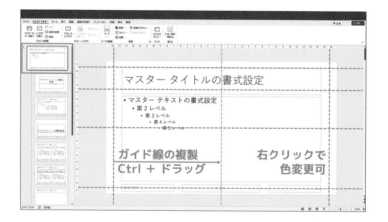

　スライドマスターは、マスターを整えるところから始まります。マスターの設定は下に続く全レイアウトに反映されるので、共通する設定はここで行います。

　すべてに共通する設定の一つが「周囲の余白」です。第3章の「3分割全体レイアウト」をベースに余白を示すガイド線を設定します。マスターに設定したガイド線は、ほかのレイアウトでも同じ位置に表示されるようになります。

○　マスターでスライドタイトルを作る

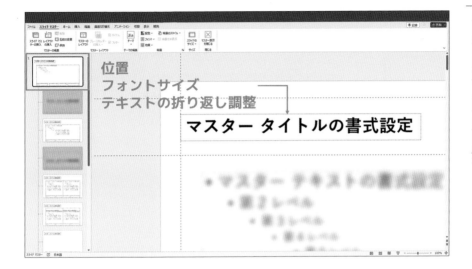

　　共通する設定の2つ目は「スライドタイトル」です。ここで書式や配置を設定しておくことで、多くのレイアウトのタイトルを一括で管理することができます。

　上の例のように、マスターのタイトル部分を変更すると、連動するタイトルプレースホルダーが同じように変更されているのが確認できます。

PowerPointTips

　ガイド線の表示：[表示] タブ→「表示」内 [ガイド] にチェックを入れる、または Alt ＋ F9 キー

◯ 背景 / スライド番号を整える

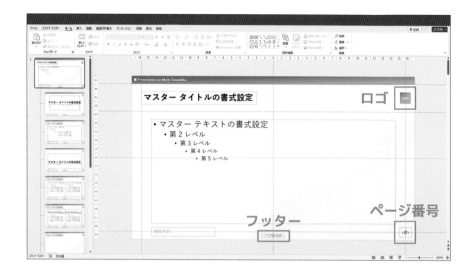

　共通する設定の3つ目は**「ビジュアル要素」**です。背景にしたいオブ
ジェクトや共通で入れたいロゴを挿入します。また、フッターとして扱わ
れる「日付」「フッター」「スライド番号」もマスターで共通項目として設
定することができます。ここでは例として使用頻度の高い「フッター」と
「スライド番号」の設定をしています。

　ここまで設定すると、ほかのレイアウトにも反映できていることが確認
できます。マスターに入れたオブジェクトは最背面の背景になり、その上
に各レイアウトで設定する背景が重なります。

○ 好きなレイアウトを作る

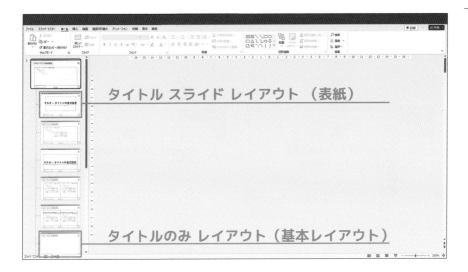

マスターを整え終えたところで、実際に使うレイアウトを作っていきます。最初から入っているレイアウトは（残念なことに）ほとんど使えないものなので、「タイトルスライド」「タイトルのみレイアウト」以外は消してしまいます。とはいえ、最初から作り込むのも大変なので、必要最低限で進めます。スライドマスターを使用した資料を使っていく上で、新しくレイアウトが追加されて「進化していくスライドマスター」が理想です。

● 作っておくとよいパターン

最初に作っておくとよいパターンは、表紙、目次、メッセージの基本形がおすすめです。第2章の基本スライドの型を参考に作ってみてください。

○ 背景は消さずに非表示がおすすめ

　マスターで設定した内容を表紙に使えない場合でも、マスターの背景を消したり、白い図形を重ねたりはしません。**背景の書式設定機能を使って、マスターに入れた背景を非表示にすることができます。**表紙に限らず、目次など背景を大きく変えたいときに有効な機能です。

●レイアウトの背景を非表示にする

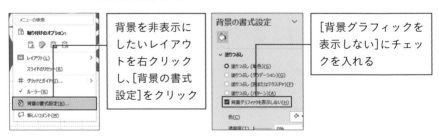

背景を非表示にしたいレイアウトを右クリックし、[背景の書式設定]をクリック

[背景グラフィックを表示しない]にチェックを入れる

○ 背景を黒にするには

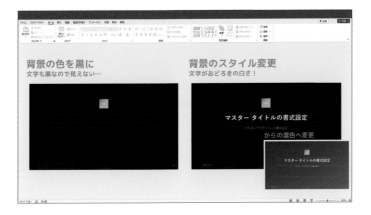

　背景を黒にする場合、先ほどの背景の書式設定から黒い色に変更することはできますが、文字が黒いままで文字の色を変更する手間が発生します。そこで役立つのが［背景のスタイル］です。**背景のスタイルで黒背景を選択すれば、背景と連動して文字も自動的に白に置き換わります。**黒以外の濃い色にする際は、先に［背景のスタイル］で設定してから、背景の色を選択しましょう。

●［背景のスタイル］で色反転

［スライドマスター］の①［背景のスタイル］をクリックし、②適用したい背景色を選択

スタイルにない濃い色にしたい場合は、③［背景の書式設定］をクリックして表示されるウィンドウから好きな色を選択

◯ 連動したレイアウトは一発変換できる

　スライドマスターの特徴の一つが**別のレイアウトに置き換えることがで きる**ということです。上の例のように、決まったレイアウトを作っておけ ば横並びレイアウトから縦並びレイアウトに一発で変換することができま す。ただし、この機能の恩恵を受けるにはちょっとしたコツが必要になり ます。

　レイアウトの変更で連動する要素は、プレースホルダーになります。レイ アウトをまたいでプレースホルダーが連動する要因は「挿入順」になります。

　レイアウトを作るときに、どの順でプレースホルダーを挿入するか気を つけながら組み上げると、レイアウト同士が連動したスライドマスターを 作ることが可能になります。

　作り方はいろいろありますが、ここでは一つ紹介します。

レイアウト同士が連動した
スライドマスターを作る流れ

1つ目のレイアウトにテキスト
プレースホルダーを3つ挿入

1つ目を番号、2つ目を見出し、3つ目
を本文として書式を設定

見出しのグループをそのまま右に
コピー×2回（ Ctrl ＋ Shift キー＋ド
ラッグ推奨）

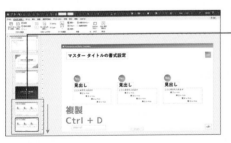

Ctrl ＋ D キーでレイアウトを
コピー

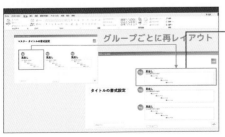

コピーしたレイアウトの
プレースホルダーを削除
しないように並び替える

⭕ 連動させるタイトルは動かさない

　マスターでタイトルの位置と書式設定をしておくと、全レイアウトでスライドタイトルの設定が連動します。この機能により、タイトル位置がそろっていないすべてのスライドを修正するという時間が短縮できます。

　ただし注意点が一つ。レイアウトを作成するときにタイトルプレースホルダーには触れないこと。レイアウトの編集でタイトルプレースホルダーを動かすと、マスターとの連動が切れて単独の設定に変わってしまいます。表紙や目次以外では触れないようにしましょう。

◎ PowerPointTips

もし触れてしまった場合は、一度タイトルプレースホルダーを消して、[スライドマスター] タブの [タイトル] にチェックを入れるとリセットされます。

○　マスターで配置やフォントをリセット

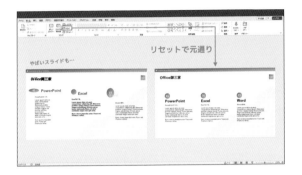

　ここまでで作ったスライドマスターのレイアウトを活用することで、同じレイアウトを量産することができます。また、**リセット機能を使えば、配置やフォントが変わっていても一発で元に戻すことができます。**ただし、リセット機能も万能ではなく一部条件により戻らないケースもあるので都度確認してみてください。

スライドワンポイント

リセットで戻る主な設定は以下です。
・図形：サイズ、配置、形状、色（図形に文字が入っていない場合のみ）
・テキスト：フォントサイズ、色

　スライドマスターを活用するためにはスキルアップや運用管理も必要になります。現場や活用シーンにより、決まったレイアウトがない場合もあるでしょう。まずは手元の資料で、スライドタイトルや背景設定だけでも活用してみてください。

COLUMN

⭕ PowerPointでできること

「PowerPointって意外といろいろな表現ができてすごいですね！ でも、私はプレゼンをやらないので、あまり使う機会がないんですよ」

　なんてもったいない！ PowerPoint＝プレゼンツールなのは当然なのですが、それだけではありません。私自身、PowerPointの表現を本格的に始めたきっかけは、「結婚式で使う動画」でした。当時、PowerPointが動画形式で保存できることを知っていたことと、動画編集ソフトをイチから学ぶのも大変だなと思ったのでPowerPointで作ることを決意しました。そこからPowerPointでできる表現の奥深さに魅了され、今に至ります。

　PowerPointは一番身近な「表現」ツールです。プレゼン資料はもちろんのこと、動画やイラスト、アイコン、画像などさまざまなものが作れます。すべてPowerPointでやるべきとは言いませんが、興味があればまずPowerPointで作ってみるというのも一つの選択肢です。

　SNSの投稿、プロフィールムービー、イベント紹介動画、オフィスや展示会で流す動画、ちょっとしたプロジェクションマッピングなど……。

　それ、一緒にPowerPointでやりませんか？

コンテンツの表現

正しく見せる魔法

資料に必要なことは、内容が正しく伝わるこ
とです。資料で扱う「要素の役割と見せ方
の例」を学び、正しく伝わる表現を心がけ
ましょう。

テキストの魅せ方

正しく見せる魔法

◯ 一番大事なのは「読める」こと

テキストは、資料の中で一番大事な要素です。テキストが読めなければ資料の内容を理解することはできません。読みにくい場合は、途中で読むのをやめてしまうかもしれません。テキストを読むことにストレスを感じないように、メリハリをつけた表現を心がけましょう。

◯ 大事なことは「大きく」

すぐにできる表現は、**大事なところ・伝えたいところを大きくする**ことです。特に、単位がある数値を表現する場面では使うことが多いです。

● 大事なところを大きくする

◯ 読みやすさを意識する「改行」

　改行が含まれるような長いテキストになった場合は、改行の位置にも気をつけたほうがよいでしょう。小説などの読み物や長文ばかりを扱うような資料であれば問題ありませんが、基本的に「パッと見て理解できる」ような資料を目指します。

　改行位置が単語の途中にあったり、誤解を生じたりするような箇所がないかチェックしましょう。もちろん、両端がそろっているほうが見た目はきれいですが、それよりも「読みやすさ」を優先しましょう。

　レイアウトによる制限もあるかもしれませんが、1行の長さ（テキストボックスのサイズ）や言い回し・改行を入れるなどで調整しましょう。

●改行位置に気をつける

　　　ベタ打ち

私のパワポ愛は異常らしい。寝ても覚めてもパワポのことばかり考えて、たどりついた先は、パワポ師。

▶

　　　改行調整

**私のパワポ愛は異常らしい。
寝ても覚めても
パワポのことばかり考えて、
たどりついた先は、パワポ師。**

部分的に強調する（弱める）テキストの見せ方

　資料を作るときに必ず出てくるのが「強調する場所」です。キーワードを強調する際は、「少しやりすぎかな？」というくらいに思いっきり強調し、そこから徐々に弱くするという調整をしてみてください。ここでは簡単にできる表現を挙げているので、ぜひチャレンジしてみてください。

✦ 元テキスト

テキストの見せ方

✦ 濃いグレーでやわらかく

テキストの見せ方

✦ 文字間隔を空けて情緒的に

テ キ ス ト の 見 せ 方

✦ 部分的に大きく

テキストの**見せ方**

✦「じゃない」ほうを小さく

テキストの見せ方

✦ 点を打つ

テキストの見せ方

✦ マーカーを使う

テキストの見せ方

✦ 線で囲う

テキストの 見せ方

✦ 色を変える

テキストの 見せ方

✦ 「じゃない」ほうを薄く

テキストの 見せ方

✦ 線を引く

テキストの見せ方

✦ 線文字で弱く

テキストの 見せ方

✦ 袋文字

テキストの見せ方

✦ 図形重ね

テキストの見せ方

○ 文字間隔を空けて情緒的に

テキストの見せ方
▼
テ キ ス ト の 見 せ 方

テキストの表現として文字間隔を空ける方法です。メッセージ性を強める場面で有効です。

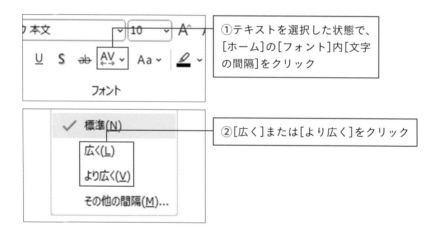

なお、さらにこだわる場合は［その他の間隔］をクリックすると、詳細な設定が可能です。ただ、編集の手間が増えていくので、表紙や扉程度に留めて、通常のスライドではパッと選べる設定にしておきましょう。

○ 点を打つ

テキストの見せ方

文字に点を打つことによって、その文字を強調します。ポップな印象を与えたいときに使えます。

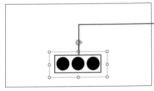

①別のテキストボックスに、強調したい文字の数（ここでは3文字分）だけ「●」を入力

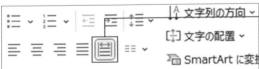

②[ホーム]の[段落]内[均等割り付け]をクリック

③テキストボックスの幅を広げ、強調したい文字の間隔と合わせる

◯ マーカーを使う

　マーカーを使って部分的に文字を強調します。図形などを使わないため、レイアウト調整は不要です。しかしマーカーの色を微調整する場合は、「スライドワンポイント」にあるとおり手間がかかるため、モノクロで使うことをおすすめします。

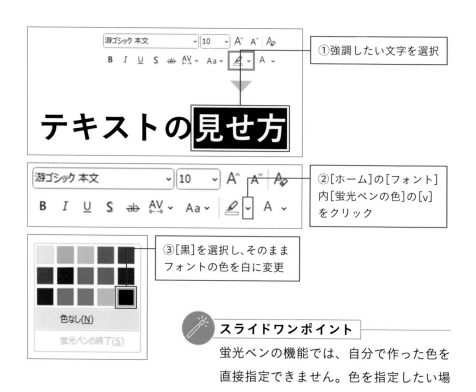

①強調したい文字を選択

テキストの見せ方

②[ホーム]の[フォント]内[蛍光ペンの色]の[v]をクリック

③[黒]を選択し、そのままフォントの色を白に変更

色なし(N)

蛍光ペンの終了(S)

スライドワンポイント

蛍光ペンの機能では、自分で作った色を直接指定できません。色を指定したい場合は、図形の塗りつぶしなどで色を作ってから、マーカーの色を設定しなければなりません。

○ 線文字で弱く

テキストの見せ方
▼
テキストの見せ方

［文字の輪郭］機能を使って線文字を作る方法です。文字に線が重なってくるので、フォントサイズを大きくしたり太いフォントを使ったりするとうまくいきます。黒い文字と並べて弱く見せたり、あしらいとして使ったりすると、表現の幅が広がります。

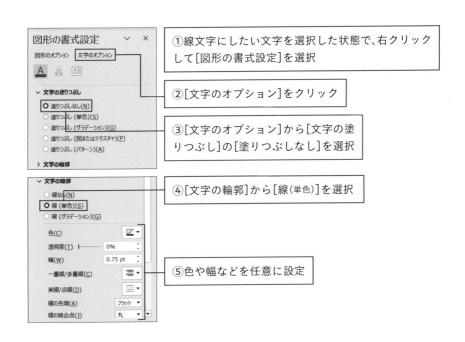

①線文字にしたい文字を選択した状態で、右クリックして[図形の書式設定]を選択

②[文字のオプション]をクリック

③[文字のオプション]から[文字の塗りつぶし]の[塗りつぶしなし]を選択

④[文字の輪郭]から[線(単色)]を選択

⑤色や幅などを任意に設定

◯ 袋文字

見せ方

▼

テキストの見せ方

　線文字で文字がつぶれてしまう場合は、文字の周囲に線を付ける「袋文字」にする方法もあります。PowerPointでは、文字の輪郭を太く設定した複数の文字を重ねます。オブジェクトの数が増えてしまうので、ここぞというときに使いましょう。

①強調する文字を、別のテキストボックスで2つ作成

②[図形の書式]の[文字の塗りつぶし]と[文字の輪郭]と[背面へ移動]で、以下のように設定
・2番目のテキストボックス:[文字の輪郭]は白、太い線、[背面へ移動]
・3番目のテキストボックス:[文字の塗りつぶし]と[文字の輪郭]は紫、めちゃ太い線、[最背面へ移動]

③重なり順に注意しながら重ねる

◯ 図形重ね

テキストの見せ方

　強調したい文字の下に図形を挿入するだけで簡単に作れる表現です。作例では文字に合わせて丸を挿入していますが、四角形でも三角形でも爆発型でも応用は無限大です。

　ただ、テキストボックスの背面に図形を配置するため、作り変えや編集の手間がかかる点に注意が必要です。

● ほかの図形でも簡単に表現可能

テキストの見せ方

テキストの見せ方

テキストの見せ方

吹き出しの魅せ方

⭕ 視覚的に強くするのか、弱くするのか

　資料において、吹き出しの表現は非常に有効です。デザイン面では、視覚的なバランスをとることができるうえ、文字や図の配置を工夫することで、ページやスライドの見た目をスタイリッシュにし、相手にとって見やすい資料に仕上げることができます。さらに、吹き出しによってアイデアやコンセプトを独自の形で表現して個性を加えることができます。

　一方で、無計画に使うと相手の目線が迷い、理解されにくくなる恐れがあります。吹き出しの基本の使い方を2つ押さえておきましょう。

　1つ目は、**重要なポイントやメッセージを視覚的に強調する使い方**です。目立つ形状や色を使って、視聴者の目を引き、重要な情報を印象づけることができます。

　2つ目は**補足情報を提示する使い方**です。図や本文に対する詳細な説明や意見を吹き出しに記載することで、情報の理解を深めることができます。

●強調する吹き出しは強く

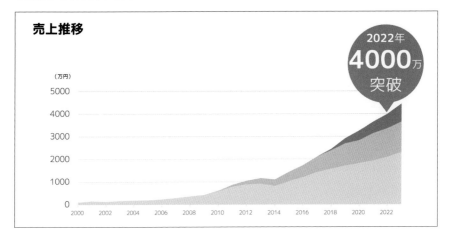

●補足する吹き出しはさりげなく

吹き出しの種類について

　セリフを表現する「吹き出し」はほかと違った表現ができるので、とても便利です。PowerPointに搭載されている吹き出しは少々使いづらい場合もあるので、少し手間はかかりますが、例を参考に自作してみて、パーツを保管しておくことをおすすめします。

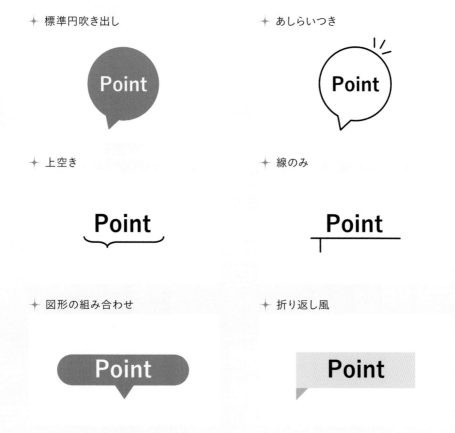

✦ 標準円吹き出し

✦ あしらいつき

✦ 上空き

✦ 線のみ

✦ 図形の組み合わせ

✦ 折り返し風

✦ 記号を使う

\ **Point** /

✦ 切れ目入り

Point

✦ 三角で方向を示す

Point ▶

✦ モチーフ（鉛筆）

Point

✦ 引き出し線

Point

✦ 引き出し線ラベル

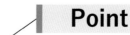

Point

✦ 長文＋線

Lorem ipsum dolor sit amet, consectetuer adipiscing elit. Maecenas porttitor congue massa. Fusce posuere, magna sed pulvinar ultricies, purus lectus malesuada libero, sit amet commodo magna eros quis urna.

✦ 長文＋コメント風

Lorem ipsum dolor sit amet, consectetuer adipiscing elit. Maecenas porttitor congue massa. Fusce posuere, magna sed pulvinar ultricies, purus lectus malesuada libero, sit amet commodo magna eros quis urna.

○ 標準吹き出しをうまく使う

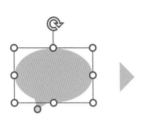 

　「パワポの吹き出しはイマイチで使えない」なんて声を聞くことがあります が、吹き出しの使い方次第では、きちんときれいに表現できます。特に、円形の吹き出しはシンプルですぐ作成できる上、使いやすいのでおすすめです。

① [挿入]から[図形]の[吹き出し:円形]をクリックし、ドラッグして挿入
② 吹き出しの高さと幅を同じに設定

 スライドワンポイント

次の点を意識すると、きれいな吹き出しが作成できます。

・ 図形内で［テキストを折り返す］のチェックをはずす

・ 足部分を伸ばしすぎない（正三角形のように見える程度に抑える）

◯ 上空き吹き出し

　［左中かっこ］は範囲を示すときに使う図形ですが、文字の下に配置することで吹き出しのようにも使えます。やわらかい雰囲気になるので、親しみを持ってもらいたい資料に使えます。

① ［挿入］から［図形］の［左中かっこ］をクリックし、ドラッグして挿入
② 文字に合わせて回転（ここでは左に90度）
③ サイズを調整

 スライドワンポイント

次の点を意識すると、きれいな吹き出しが作成できます。

・ 両端のカーブを調整ハンドルを使って大きくする
・ 線の太さをフォントの太さに近づける

●カーブ調整からの線の太さ調整

 ▶ ▶

◯ 折り返し風

　2つの図形を組み合わせて折り返し風の吹き出しを作成します。吹き出しとして紹介してはいますが、あしらい等のアクセントとしても使えます。ポップで明るい印象を与えたいときにおすすめの表現です。

① [挿入]から[図形]の[正方形/長方形]をクリックし、ドラッグして挿入
② ①の[塗りつぶし]の色を薄めに設定
③ [挿入]から[図形]の[直角三角形]をクリックし、ドラッグして挿入
④ ③の[塗りつぶし]の色を、①より濃い色を設定

 スライドワンポイント

　③の図形を①の背面に置くと、ピッタリと重ねなくても、とてもきれいに作ることができます。

● ③を最背面にした例

○ 切れ目入り

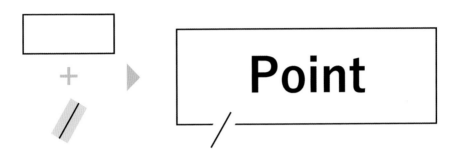

　PowerPoint で図形の枠線に切れ目を入れるには、テクニックと手間がかかります。ですが、切れ目が入っているように見せるのは比較的簡単です。線の太さで、シャープな印象とポップな印象の両方を表現できます。

① [挿入]から[図形]の[正方形/長方形]をクリックし、ドラッグして挿入
② ①を[塗りつぶしなし]に設定
③ ①の方法で別の長方形を作成後、その上に、[挿入]-[図形]で[線]をクリックし
　ドラッグして線を挿入
④ ③の[正方形/長方形]の[塗りつぶし]の色を白（または背景）に設定（ここではグレーに設定）
⑤ 切れ目の範囲を③の長方形のサイズで調整
⑥ ④のパーツを動かすことで切れ目の場所も自由に調整可能

 スライドワンポイント

　次の点を調整することで図をアレンジすることもできます。

　・ 切れ目の範囲を③の後ろの図形サイズで調整できる

　・ ③のパーツを動かすことで切れ目の場所も自由自在

◯ 引き出し線ラベル

［線］を引き出し線として使った吹き出しです。図解やグラフなどが説明する場所から離れてしまうときに使いやすいです。

① ［挿入］の［図形］で［正方形/長方形］をクリックし、ドラッグして2つ挿入
② ［塗りつぶし］を濃い色＋薄い色で設定し重ねてグループ化
③ 線を挿入し、先端を［円形矢印］に設定

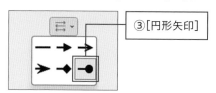

③［円形矢印］

④ ①のグループに③をつなげる

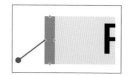

 スライドワンポイント

　ラベル風を紹介しましたが、文字が入る図形部分や線のスタイルを変えると表現の種類を増やせます。

○ コメント風

Lorem ipsum dolor sit amet, consectetuer adipiscing elit. Maecenas porttitor congue massa. Fusce posuere, magna sed pulvinar ultricies, purus lectus malesuada libero, sit amet commodo magna eros quis urna.

　コメント風の吹き出しは［月］を使って作成します。人物写真などと組み合わせたいときに活躍する表現です。

① ［挿入］の［図形］で［正方形/長方形］をクリックし、ドラッグして挿入
② ［挿入］の［図形］で［月］をクリックし、ドラッグして挿入

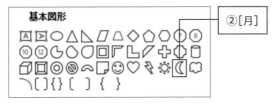

③ ②を最背面に配置
④ ①と②の塗りつぶし色を同じに設定
⑤ ②を左右反転したりサイズを変えたりして、バランスを見ながら配置

 スライドワンポイント

　［月］単体では使い道があまりないですが、吹き出しに必要な形のベースが作りやすいです。使い道がなさそうな図形でも実は役立つ形もあるかもしれません。いろいろ試して遊んでみてください。

矢印の使い方

正しく見せる魔法

○ 便利な矢印をうまく使うための3つの意味

　矢印や三角形は、流れを示して視線を誘導するのにとても便利な図形です。その一方で意味が強すぎて見ている人に違う意味として捉えられ、誤解を招く恐れもあります。普段無意識に使いがちですが、あらためて基本の3つの意味について確認し、誤解を生まない表現を心がけましょう。

●矢印の3つの意味

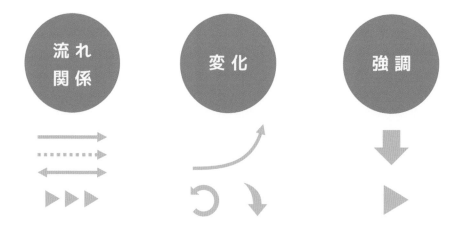

◯ 1．流れや関係を示す矢印

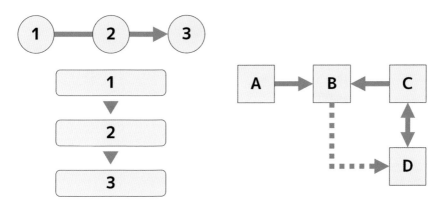

　矢印の1つ目の意味は、「流れ / 関係」です。時系列や手順・関係図でよく使われる表現で**各要素の流れの見せ方を誘導**します。複数の図形を通した矢印や項目の間に三角形を置いて順を示します。

● 流れと関係を示す矢印のNG例

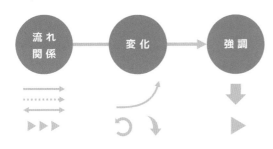

　ただし、順序を問わない情報の羅列や、関係性を示さないものに矢印を使うと混乱を招きます。例えば、前ページにある「矢印の3つの意味」の図に矢印を使うと、手順や印象を与える順番を暗に示す形になってしまいます。前ページの図で示す3つの意味は同列なので、矢印は不要です。

○ 2. 変化を示す矢印

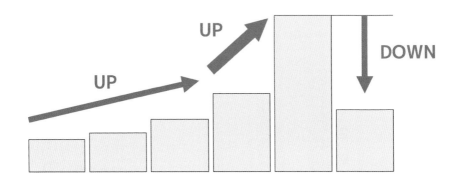

　2つ目の「変化」は、グラフの変化や2つの比較による増減を示す場合に使います。矢印を使うことで、**変化の方向や程度を明確に表現**できます。矢印の向きで増減や方向性を示し、長さや太さで変化の程度を表現する工夫も可能です。大きな変化には長くて太い矢印を使用し、小さな変化には短くて細い矢印を使用すると、よりわかりやすくなります。

　もちろん、グラフ自体がひと目でわかりやすいものであればよいのですが、データはそんなに都合よく得られません。特に、話の中で**大事なポイントとなる変化を矢印で見せると理解が早まり、効果的に見せる**ことができます。

◯ 3．強調を示す矢印

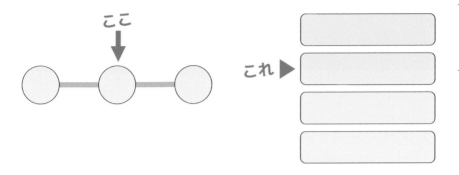

　3つ目の「強調」はその時点や場所を示します。矢印を入れることで、**見る場所を指定する**表現ができます。この場合の矢印は短くて太いものを使うとわかりやすくなります。アイコンのような使い方なので、矢印の代わりに位置や場所を示す意味を持つアイコンを用いてもおもしろいです。

●位置や場所を示すアイコン例

アイコンの魅せ方

正しく見せる魔法

○ アイコンはイメージ補助として使う

アイコン自体は情報を抽象化されているため、共通イメージを与えやすいという特徴があります。スライドの中でアイコンを使うことによって、相手がイメージしやすい資料にすることができます。

一方で、情報が抽象化されているからこそ、アイコン単体で使用すると人によって解釈が異なり逆に意味が通じにくくなってしまうときがあります。使い方には注意して、効果的に使用しましょう。

○ 単体で使うか文字とセットで使うか

では、どんな場合にアイコンを単体で使うか文字とセットで使うかを考えてみましょう。ポイントとなるのは、**アイコン単体で表現したいものの意図が通じるか**ということです。

例えば、シンプルな「人」のアイコンを使ったとき、誰が見ても「人」であることは明白です。一方で、資料の中身まで踏み込んだ図解にした場合、「人」という情報だけでは不十分となり、「誰か」という情報までを明確にする必要があります。営業なのかお客様なのか、アイコンだけで読み取れない場合は、必ず文字を添えます。

●アイコンだけでは何かがわかりにくい

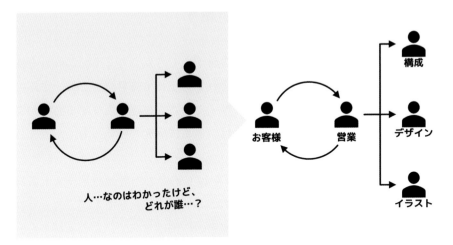

　もちろん、文字を入れないようにお客様っぽいアイコン、営業っぽいアイコン……と、すべて違うもので明確に示すことができれば問題ありません。ですが、アイコンを探す時間がかかりすぎてしまうので、時間があるときだけにしましょう。**アイコンはそれ自体が主役ではなく、イメージの補助として使う**ことを意識してください。

●無理にアイコンは使わなくてもいい

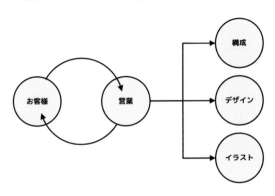

　アイコンと文字をセットにするとスペースがなくなってしまうときや、アイコンで表現しにくいものは無理にアイコン化せずに図形で表現しましょう。

○ Officeのアイコンを使い倒す

　最近は、商用利用可能なアイコン素材がたくさんあります。これらを使うことは否定しませんが、引用元を忘れてしまって資料全体を統一するのに時間がかかったり、各アイコンのライセンスを確認したりする必要があります。時間勝負の資料作成の場合は、すぐに手元で使えるものが好ましいです。

　その点PowerPointでは、アイコンをはじめとした画像やイラスト素材をMicrosoftが用意してくれています。このアイコンを使えば、ストックの問題は解決されます。ちなみに、本書の作例はすべて、この素材から引用しています。

●アイコンの挿入方法

①[挿入]から②[アイコンの挿入]をクリック

[ストック画像]から③任意のアイコンを選択して、④[挿入]をクリック

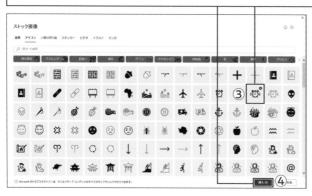

アイコンのアレンジ例

✦ 組み合わせ

✦ 部分色変え

✦ 塗り足し

✦ 2色分け

✦ 濃い背景

✦ 薄い背景

✦ ずらし

✦ 多色

○ 組み合わせ

PowerPointには用意されているアイコンがたくさんありますが、その中だけで表現したい内容に合うものがあるとは限りません。そんなときは、1つのアイコンにこだわらず、複数のアイコンを組み合わせましょう。

Microsoft 365で挿入したアイコンや、一部SVG形式で挿入した図形は、PowerPoint上で色を変えることができます。色を変えたアイコンと組み合わせることによって、既存のアイコンでも独自の表現になります。

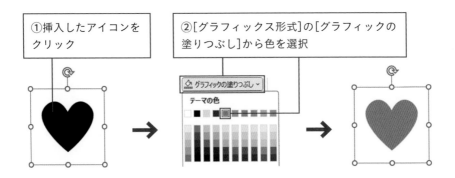

①挿入したアイコンをクリック

②[グラフィックス形式]の[グラフィックの塗りつぶし]から色を選択

◯ 部分色変え

　アイコンを図形に変換すると、パーツ別に色を設定できます。部分的に色を変えることで、同じアイコンでも役割の違いなどの意味を与えることができます。

①挿入したアイコンをクリック

②[グラフィックス形式]の[図形に変換]をクリック

③グループ化を解除して、色を変えたい部分(ここではネクタイの色)のみに色を設定

スライドワンポイント

図形に変換すると、通常のオートシェイプと同じように使うことができます。

◯ 塗り足し

　アイコンの中には、シルエットのようなアイコンもあります。そのようなアイコンは、1色ではなく部分的に色を加えることで、オリジナルのアイコンが作成できます。

① アイコンを挿入
② 色を加えたい部分（ここではビルの窓の一部）を覆うように図形を挿入し、[図形の塗りつぶし]で色を設定
③ ②の図形を選択した状態で、[図形の書式]から[背面に移動]-[最背面に移動]をクリック

　元のアイコンを編集する必要がないことと、正確に図形を作らなくても大丈夫なので手軽に作れるおすすめの表現です。

⭕ 2色分け

1色では物足りないときに、グラデーションを使うことで雰囲気を変えることができます。アイコンに限った話ではありませんが、グラデーションの使い方次第で、くっきり2色に分けるスタイルが作れます。p.215を参考に、挿入したアイコンを図形に変換した後、以下のように操作します。

① ［塗りつぶし（グラデーション）］をクリック
② ［グラデーションの分岐点］で両端を別々の2色に設定
③ ［グラデーションの分岐点］で色の位置を両方「50%」に設定

通常であれば作例のようにきれいに2色になりますが、環境により境界線がぼけたように表示される場合があります。そのときは、位置を「50%」や「49%」のように少しずらして試してみてください。

05 箇条書きの魅せ方

◯ 箇条書きは構造化が命

箇条書きは資料作成では必要不可欠な表現の一つです。長文の資料よりも、箇条書きのほうが伝わりやすくなり、相手の理解が早まります。ここでいう箇条書きとは、単純に情報を羅列しただけのものではなく、よりシンプルに伝わりやすく構造化したものを指します。難しく感じるかもしれませんが、箇条書きを作る上でのポイントは、3つだけです。

◯ 情報の「カテゴリー」をそろえる

一見して問題がなさそうな箇条書きにも、よくよく読めば違和感を覚えるものがあります。その原因は、「カテゴリーがそろっていない」ということです。

例えば「好きな食べ物は何ですか？」と聞かれたときに、「中華とたこ焼きとカレーとじゃがいもです！」と答えるとどうでしょう？

この回答では、料理のジャンルとメニュー、素材が混在し、言葉が表すカテゴリーがバラバラです。これだけ簡単な例を出せば誰でもわかりますが、いざビジネス資料で箇条書きを作るときには、このカテゴリーがそろっていないことがあります。**箇条書きの内容を見返して、それぞれの内**

容が「並列の関係」にあるか確認してみましょう。

○ 体言止めの罠

　プレゼン資料では「極力言葉を少なく」と言われます。箇条書きにする際、キーワードだけにしたり、体言止めを使ったりして言葉を省略することがあります。この体言止めにも注意が必要です。

　例えば、報告資料の中に「売上向上」「経費削減」「新規開拓」とだけの箇条書きがあったとしましょう。資料の前後を見れば、意味がわかるかもしれませんが、**資料は必ずしもすべて端から端まで丁寧に読まれるとは限りません。**一つのスライドの中で、「売上が向上した」（過去の状態 / 現象）を示しているのか、「売上を向上させる」（これからの行為）なのかがわかるようにしましょう。

　資料を作っている本人は内容を理解しているので違和感を覚えませんが、**あらためてそのスライドだけを見て意味がわからなければ、体言止めは禁止**です。情報を正確に伝えられることが大前提です。

○ 数字の魔力

　箇条書きを作るときに、「●」などの記号を使う場合と「①」などの数字を使う場合があります。特に意識して使っていない場合がほとんどですが、記号と数字では意味合いが少し違ってきます。**記号を使った箇条書きは、製品の性能や材質など内容に順序や優劣がないもの**を示します。

　一方で**数字を使うと、ひと目で「項目の数」がわかるようになると同時に、順序や優劣を暗に示す**場合があります。順序や優劣をつけたくない場合は、数字を使わない手もありますが、数字を目立ちにくくする表現もあります。パッと見たときに、どんな印象を受けるか気をつけて箇条書きを

作りましょう。

⭕ 箇条書きの設定

　PowerPointの箇条書きの詳細設定では、先頭の記号を、文字コードを指定して変えることができます。いつもと違う記号で箇条書きを作成できるので表現の幅が広がります。ただし、**ほかのPC環境による文字化けが生じる場合もあるので注意が必要**です。

● 箇条書きの設定方法

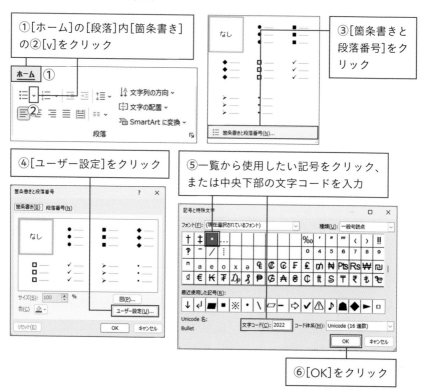

箇条書きのおすすめパターン

※ Reference Mark

※ 文字コード　　203B

※ 注釈用

⚠ Warning Sign

⚠ 文字コード　　26A0

⚠ 危険信号

■ Black Small Square

■ 文字コード　　25AA

■ 小さい黒四角

□ White Small Square

□ 文字コード　　25AB

□ 小さい白四角

・ Bullet

・ 文字コード　　2022

・ 小さい黒丸

‣ Triangular Bullet

‣ 文字コード　　2023

‣ 小さい横向き三角

╸ Box Drawings Heavy Left

╸ 文字コード　　2578

╸ 左寄せ線

▍ Left Three Eighths Block

▍ 文字コード　　258D

▍ 見出し

06 図解の魅せ方

正しく見せる魔法

◯ 図解はイメージを共有できる強力な魔法

図解は、**複雑な情報を素早くイメージとして共有できる強力な表現方法**です。図解の表現がうまくはまればメッセージを強く伝えることができます。何もない状態から複雑な図解を考えるのは非常に難しいですが、図解にする要素を分解して箇条書きにし、型にはめていけば作れるようになるので試してみてください。

ただ、図解が中途半端だと意味が伝わらず誤解や混乱を招いてしまいます。作るときは、全力で作りましょう。

◯ メッセージを決めてから始める

図解を作るときに明確にしておきたいことは、何を伝えたいのかという点です。複雑な情報を図解化すると、どうしても図解自体に情報量が多くなってしまいがちです。一つの図解に情報を詰め込みすぎると、素早くイメージを共有するというメリットが失われてしまいます。なるべく余分な情報は削り、それでも削り切れない場合は分割しましょう。

◯ シンプルに作る3つの基本形

●図解の基本形

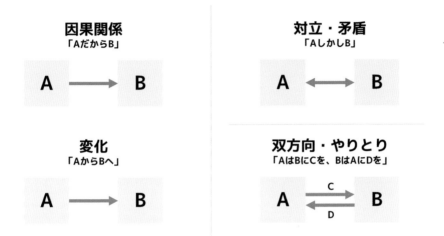

伝えたいメッセージが決まったら、**図解にするキーワードや説明文の関係性を考慮して図解の型に組み立て**ていきます。

　最初からすぐに図解の型に落とし込めるのが理想的ですが、情報が複雑で型に合わせるのが難しい場合や、図解を作ることに慣れておらず苦戦する人もいます。その場合は、まず図解の基本形に当てはめてみましょう。

　図解の基本形は、①因果関係・変化、②対立・矛盾、③双方向・やりとりの3つです。キーワードの関係性を確認しながら、一つずつ基本形に合うように配置していきます。

　この基本形は矢印だけで関係性を示すことができ、さらに図解の型の中でも応用できるため、ぜひ習得しておくことが大切です。

◯ 関係性から選ぶ図解の型

　情報が多く複雑なものになってくると、基本形だけでなく図形の型が必要になってきます。図解の型を知っておくと、複雑な図解でも作りやすくなります。図解にしたい内容はどんな関係性を含むものでしょうか？　以下の流れを参考に、図解の型を選んでみましょう。

① 包括・重なりを示す：オイラー・ベン図

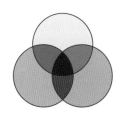

集合や論理関係を円や楕円で視覚的に表現する図で、共通部分や独自の部分を明確に示すことができます。

② 順序や手順を示す：ステップ・フロー

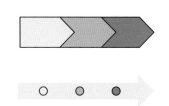

順序や手順を示すもので、プロセスの流れや作業手順をシンプルに表現し、理解しやすくします。

③ 関係性を示す：リレーション

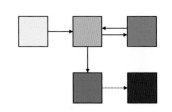

矢印を使って関係性を視覚的に示すもので、人物や要素間のつながりや影響をわかりやすく表現し、相互関係を理解するのに役立ちます。

④ 階層構造を示す：ツリー・ピラミッド

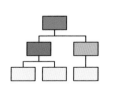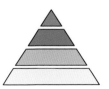

　階層構造を示す図で、親要素から子要素へと連なる枝や段階的な階層を表現し、情報の整理や組織構造の可視化に有効です。

⑤ 軸で分けて示す：マッピング・マトリックス

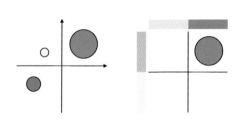

　2つの軸によって要素を分類・評価する図で、相関関係やパターンを見つけたり、意思決定をサポートしたりする際に使えます。

⑥ 循環を示す：サイクル

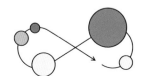

　循環やサイクルを示す図でプロセスの繰り返しや相互関係を明確に表現し、循環的なパターンを理解するのに役立ちます。

⑦ その他：放射図等

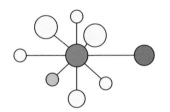

　放射図は中心点から放射状にのびる線で要素を示す図で、中心からの距離や角度で情報の重要性や関連性を表現し、視覚的な比較が可能です。

グラフの魅せ方

正しく見せる魔法

○ データの傾向を見せる王道

　膨大な情報を視覚的に伝えることができるグラフは、資料の表現において非常に効果的な手段です。数値が羅列されているだけの表ではイメージがつかみにくい複雑なデータや統計を、グラフに変換することで、視覚的に理解しやすくなり、記憶にも残りやすくなります。

　また、グラフは比較や傾向の把握に役立ちます。複数のデータをグラフ化して比較することで、相対的な関係性や変化の傾向をひと目で把握できます。これにより、重要なポイントを強調し、説得力のあるプレゼンテーションが実現できます。

　ただし、グラフも適切な使い方をしなければ逆効果になります。資料を使う目的や場面、伝えたいメッセージに合わせてすべてをグラフ化するのか、部分的なデータにするのかという判断が生まれ、同じ元データでも伝えたい内容によってグラフの種類が異なる場合もあります。

◯ 生データか簡素化か

　資料の表現で、データをグラフとして挿入する際には、生データを使う場合と簡素化したデータを使う場合があります。どちらを選ぶかには、資料を使う場面や伝えたいメッセージによって変わります。

　生データを使う場合は、詳細な情報やデータの精度を重視するときに有効です。例えば、専門的な分析を行う際や要因を細かく把握したい場合に適しています。データの分析根拠を示したり、考え方について言及したりする場合になります。

　一方、**簡素化したデータを使う場合は、重要なポイントを強調したい場合やデータの傾向をわかりやすく伝えたいときに有効**です。グラフをシンプルにまとめることで、視覚的にわかりやすく、全体像を把握しやすくなります。ただし、簡素化する過程で詳細なデータが欠落することがあるため、情報の完全な伝達が必要な場合には向きません。

●グラフを簡素化すると印象が変わる例

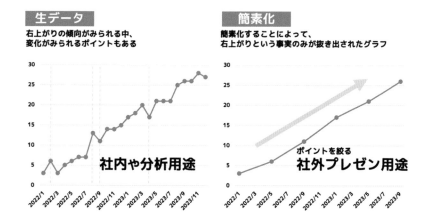

◯ グラフの選び方

　資料作成において、数値をグラフにする際には適切なグラフの選択が重要です。その際に考慮すべきポイントと注意点を紹介します。

● データの性質を把握する

　最初は表現したいデータの性質を把握しましょう。グラフにする前のデータは、単なる数値の羅列でしかありません。それをグラフにすることによって、傾向や特徴が表現できるようになります。データにある数値がどのようなグラフとして使えるのかをイメージしましょう。検討段階では、さまざまなグラフに置き換えて眺めてみるのもおすすめです。

● 伝えたいメッセージを明確にする

　データの性質が把握できたら、グラフ化することによってどんな傾向や変化を示して何を伝えたいのかメッセージを決めていきます。例えば、時系列の変化を表現したいなら折れ線グラフ、数量の比較なら棒グラフ、割合を示したいなら円グラフが適しています。右ページに代表的なグラフを挙げているので、示したい内容に合わせて参考にしてください。

● 誤解が生じないグラフに

　グラフは数字の羅列とは異なりイメージが伝わる表現です。こちらの意図が伝わるようにと工夫することがありますが、特に軸のスケールやラベルの表示、グラフの範囲などに注意しましょう。軸の間隔を変えたり、3Dに変更したりして「あたかも〜のように見せる」のはダメです。当然、データの改ざんはもってのほかです。正しい数値・事実であることがグラフの大前提です。

基本グラフの種類

✦ 比較

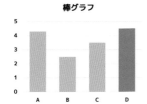

✦ 比較＋割合

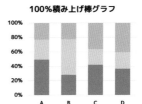

✦ 割合

✦ 割合＋変化

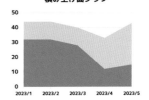

✦ 変化

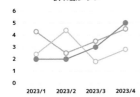

✦ 変化＋相関 / 分布

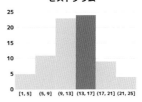

✦ 相関 / 分布

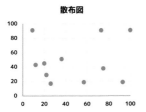

✦ 相関 / 分布＋比較

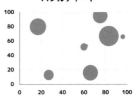

○ メイン以外は必要最低限

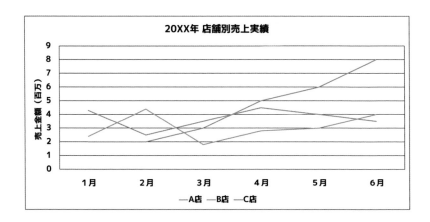

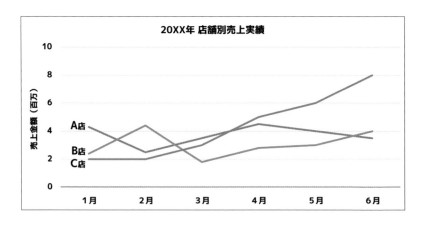

変更Point───────────────────────────

詳細なデータを見せる目的以外のグラフは、**分析した結果どのようなメッセージが読み取れるかを説明する**ものになります。メッセージ性を強めるグラフにするには、余分な要素を極力少なくすると効果的です。余分な要素を削除することでメッセージがより明確に伝わりやすくなります。

左ページの例では、「20XX年の店舗別売上で、他店に比べてC店の売上が伸びている」というメッセージを表現したいと仮定し、以下のように表現しています。

 スライドワンポイント ───────────────

① 不要な線を削除

不要な要素として、「グラフ外側の枠線」と「プロットエリア（データが表示されている範囲）」を消しています。

② 目盛り線を最低限に

横軸の目盛り間隔を広げて、薄くしています。

③ 凡例をグラフの中に入れる

折れ線グラフと凡例を近づけることで、「どれが何だろう？」という迷いをなくします。

○ 見てほしいデータを強調

Before

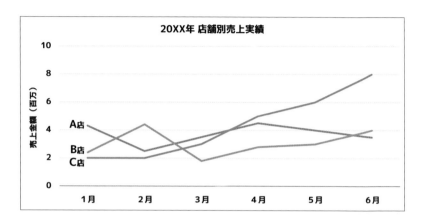

After

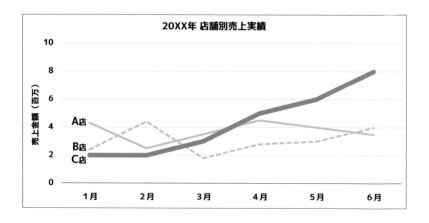

変更Point───

メッセージを表現したいグラフで複数のデータが表示されている場合、**メッセージの主役となるデータに注目してもらう**場面があります。

左ページの例は「C店の売上」についての話題なので、C店のデータが目立つようにしていきます。

 スライドワンポイント

① **見せたいグラフを太く（または濃く）**

　　C店のデータをA店やB店と比べて、太く表現して目立たせます。

② **脇役の表現を抑える**

　　A店とB店をグレーで表現して、点線等で表現します。

　ここで注意ですが、点線は「未確定な部分」という表現としても捉えられます。資料の前後関係よりも、点線が未確定のデータと誤認識させないように気をつけましょう。また、グレーの濃淡だけで表現する方法もありますが、データ項目が増えると判別しにくくなるので、2〜3項目で抑えるのがおすすめです。

　ここで、「C店の話なのだったら、ほかは消してもよいのでは？」という疑問も生まれます。しかし、今回は「他店と比べて」という表現なのでA店とC店を残しています。これが「C店によるC店だけの報告」であれば他店を消す表現もアリです。

○ ストーリーを加える

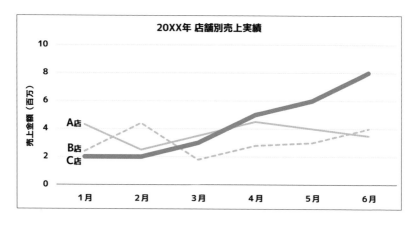

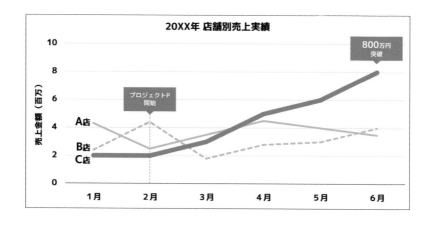

変更Point━━━━━━

さらに、グラフのメッセージ性を強めるため、**グラフにストーリーを追加**
していきます。そのために、グラフの中にコメントを追加していきます。
ただし、「20XX年の店舗別売上で、他店に比べてC店の売上が伸びてい
る」というコメントだけでは、グラフを見ただけでわかるので不要です。
グラフから読み取った重要なメッセージを伝えることが大切です。

グラフの中にポイントとなる部分に吹き出しでコメントを入れることで、
そのグラフを読み解く背景も伝わり、グラフにストーリーが生まれメッ
セージ性が強くなります。

ここでは「売上が伸びたのはいつから？　なぜ伸びたのか？」を合わせて
伝える表現を考えます。

　スライドワンポイント━━━━

① **グラフの変化点を示し、何が起こったのかを示す**

　　例えば、C店では2月から「プロジェクトP」を開始し、その効果
　　で売上が伸びていることを表現しています。

② **グラフで特筆すべき数値についてピックアップする**

　　最終的に800万円という大台を突破したことを表現しています。
　　ここでは金額に焦点を当てていますが、「他店と比べて2倍」や
　　目標金額があれば「目標達成」と表現することも可能です。

08 表 の 魅 せ 方

正 し く 見 せ る 魔 法

◯ 意 味 に 合 わ せ た 並 び

　わかりやすい表を作るポイントは、主項目の表現による並べ方です。主項目を**「比較や時間の流れ・手順」として表現したい場合は、横に並べます。**

　例えば、家電製品の性能比較表を想像してみてください。比較したい主項目である製品を横に並べ、性能などの追加情報である項目を縦に配置しています。目は上下よりも左右のほうが動きやすいので、横並びにすると視覚的にも比較が簡単になり、情報の理解がスムーズになります。商品やサービスなど、相手に見比べてほしい情報を見せるときに効果的です。

　また、主項目に比較や流れの意図がなく、**情報の羅列として扱う場合は主項目を縦に並べます。**この場合の表としての役割は、プロジェクト概要や予算表など事実の羅列で使う場合が多いです。

● 比較を表す表は横並び

プラン表

	Light	Standard	Premium
価格	¥1,000/月	¥3,000/月	¥10,000/月
基本機能	○	○	○
追加機能	△ 一部機能制限	○	◎ 事前体験
サポートサービス			○

● 情報の羅列は縦並び

新規飲食店事業予算案

項目	概要	予算案
1. 賃貸料	飲食店舗の賃貸契約に必要な賃料。	月額　¥200,000（1年間）
2. 内装工事	店舗の内装、装飾、設備の取り付け費用。	¥1,500,000
3. 厨房機器	調理設備、調理器具、冷蔵庫などの購入費用。	¥800,000
4. 食材仕入れ	初期の食材仕入れ費用。	¥300,000
5. スタッフ給与	シェフ、ウェイター、清掃スタッフなどの給与。	月額　¥400,000（1年間）
6. 広告宣伝費	広告、マーケティング、プロモーション費用。	¥200,000
7. 光熱費	電気、ガス、水道などの公共料金。	月額　¥10,000（1年間）
8. 保険料	事業用保険のプレミアム。	¥20,000（年間）
9. ライセンス・許可	飲食店経営に必要なライセンスや許可手続き。	¥50,000
10. 予備費用	予想外の出費や緊急の対応に備えた予備費用。	¥100,000
合計		¥3,180,000

⭕ シンプルに見せる

プラン表

	Light	Standard	Premium
価格	¥1,000/月	¥3,000/月	¥10,000/月
基本機能	○	○	○
追加機能	△ 一部機能制限	○	◎ 事前体験
サポートサービス			○

プラン表

	Light	Standard	Premium
価格	¥1,000/月	¥3,000/月	¥10,000/月
基本機能	○	○	○
追加機能	△ 一部機能制限	○	◎ 事前体験
サポートサービス			○

変更Point────

表もグラフ等と同じように、必要な部分を目立たせるようにすることが重要です。ここでは、とあるサービスの3つのプランが並ぶ表を例に手を加えていきます。図形を使うと手の込んだ表を作ることも可能ですが、今回は追加の図形を加えずに、PowerPointの表機能のみで整えていきます。

 スライドワンポイント────

① **見出し**（主役）**をはっきりさせる**

表の行と列のどちらが主役の項目となるかを表現します。今回の例では3つのプランを比較するものなので、横の流れを意識できるように、プラン名に色をつけています。

② **列の分割を意識する**

見出しをはっきりさせた後は、**見出しが表すまとまりがわかるように表現**します。ここでは、各3つのプランを区切る線で、薄めのグレーで引いています。

③ **横の分割は薄く**

横の線は左の項目と照らし合わせるための補助線になります。この表の中では一番優先順位が低いため、ほかよりも薄い線で罫線を引いています。表の内容やデザインによっては行が間違いなく目で追える場合は罫線がなくてもよいです。

○ 表機能のみでストーリー性を持たせる

　もちろん、表の中でも重要な箇所を示すことでストーリー性を持たせることができます。特に、見せたい場所の周りを濃くて太い線で囲むと、その範囲に注意を引くことができます。また強調したい場所のセルにのみ色をつけたり、1行の文字色を変えたりするだけで見え方が変わってきます。どのように見てもらいたいかを意識しながら表現を考えましょう。

　それぞれの例はいずれも表機能のみを使って強調しており、複雑なことはしていないシンプルなものです。図形を追加して見せる方法もいいですが、表の見やすさを邪魔しないように気をつけましょう。

●特に見せたい場所（ここでは「Standard」プラン）を囲う

プラン表

	Light	Standard	Premium
価格	¥1,000/月	¥3,000/月	¥10,000/月
基本機能	○	○	○
追加機能	△ 一部機能制限	○	◎ 事前体験
サポートサービス			○

● 強調したい場所（ここでは「Premium」プランの「追加機能」は事前体験できる）に
色をつける

プラン表

	Light	Standard	Premium
価格	¥1,000/月	¥3,000/月	¥10,000/月
基本機能	○	○	○
追加機能	△ 一部機能制限	○	◎ 事前体験
サポートサービス			○

● 特に比べたいポイント（ここでは各プランの費用）は大きく

プラン表

	Light	Standard	Premium
価格	¥1,000/月	¥3,000/月	¥10,000/月
基本機能	○	○	○
追加機能	△ 一部機能制限	○	◎ 事前体験
サポートサービス			○

画像の魅せ方

◯ 強くイメージを与える画像

　画像は言葉や図解とは異なり、より鮮明なイメージを伝えるために有効な手段です。言葉巧みに説明をしても、1枚の画像のほうがより短い時間で正確なイメージを伝えることができます。一方で、目を引きやすい要素になるため、不用意に使用すると強いノイズになってしまい、資料のメッセージ性を下げてしまう恐れがあります。

◯ 鮮明で明確なものを使う

　資料作成において、画像の使い方で注意することは2点あります。一つ目は**画質に注意する**ということです。画像は資料の品質に大きな影響を与えます。画質が粗い画像は見栄えが悪く、相手に不快感を与える可能性があると同時に、「この画像は粗いな」という思考のノイズが入ってしまい、資料に集中できなくなってしまいます。

　2つ目は**メッセージに合った画像を選ぶ**ということです。メッセージに合わない画像を使うと、読み手に混乱を招いたり、伝えたい意図がうまく伝わりません。また、スペースが空いているから……と伝えたい意図のない画像を挿入することは控えましょう。

◯ 縦横比が変わる変形はしない

　画像を使うときの最も基本的なことですが、縦と横の比率が変わるような変形はしないようにしましょう。最近は見かけることも少なくなってきましたが、まだまだ縦や横に伸びた写真を使われているシーンを見かけます。どうしても入りきらない場合は、トリミング等で調整しましょう。

●画像の NG 例

◯ ライセンスには細心の注意を

　意外と守られていなくて重要なことは、著作権等のライセンスです。画像に限った話ではありませんが、透かしが入った素材が使われていたり、検索した画像をそのままコピーして使われたりしているのを見かけます。素材使用時は提供者による利用規約をよく読み、製作者に敬意を払って使用してください。引用元とのトラブルはもちろんのこと、素材を使った資料を渡した相手にも、「著作権も守れないの？」と不信感を与えてしまいます。

◯ 画像に文字を重ねる

　写真の効果を最大限に活かしてインパクトを出すには、スライド全面に配置する方法がおすすめです。さらに写真だけを使うよりも、文字も合わせて表示したほうがより効果的に印象を与えることができます。しかし、画像の上にそのまま文字を置くと読みにくくなってしまいます。

　ここでは、簡単に図形を使って文字を見やすく配置するアイデアを紹介します。

●透過図形を入れて、テロップのように見せる

●図形を下地にして文字を配置する

●画像の色を部分的に変えて、文字が見えるように調整する

COLUMN

○ コピペで簡単投稿

　「PowerPointでSNSの投稿画像作ってるんですか？　画像保存とか大変じゃないですか？」

　そうですね、投稿用のスライドを作って画像保存して……そう考えると大変です。が、実はパワポからすぐに投稿することもできるんです。

　スライドをコピーして貼り付ける。ただそれだけで投稿できます。ぜひ試してみてください！　「#資料デザインの魔法」と投稿してもらえると著者は喜びます。

　実はSNSだけでなく、TeamsやSlackなどのチャットツールでもスライドをそのままコピーして貼り付けることができます。1スライドだけパッと共有したいときには非常に便利です。

Chapter 6

全体を整える
魔法を使ったスライド例

スライド１枚だけが格好よくても意味がありません。資料全体を通した見せ方や表現の例を元に、手元の資料でできることは何か考えてみてください。

デザインを統一する重要性

⭕ 資料のデザインは全体を通して統一

　資料は冊子のように複数ページ存在することが一般的です。資料デザインの難しいところは、スライドが1枚だけきれいに作れても意味がないというところです。ここでいう「デザイン」は、もちろん「きれいさ」ではなく「伝え方」です。**「資料内の伝え方のルール」が統一されていれば、わかりやすさが確保された価値ある資料**になります。

⭕ デザイン統一化のメリット

● 理解度の向上

　タイトル位置や強調する文字の色を資料全体で統一すると、スライドが切り替わっても見ている人が理解しやすくなります。

● 信頼性の向上

　スライドごとにタイトル位置がずれていたり、強調の色が違っていたりと統一感のない表現をすると、資料の中に違和感を生む原因となります。資料の表現方法一つで信頼関係が大きく崩れることはありませんが、人によっては「細かいところに気が回らない」と判断されるのも事実です。

● 資料作成時間の節約

　一度表現のルールを決めてしまえば、「どんな表現にしよう？」と考える時間をなくすことができます。また、パーツとして常時用意しておけば作る手間も短縮することができます。

◯ 資料全体の統一感を守るコツ

　とはいえ、デザイナーではない人が複数ページを最初から1スライドずつ作っていくと、途中で違う表現方法になってしまい、全体の表現が統一されないことがあります。資料全体の統一感を表現するコツはただ一つ、**「最初に決めたルールを意地でも守る」**という点です。

　資料を作っている中で思いついた表現や、SNSやインターネットで見たおもしろそうな表現は一旦封印してください。まずは、最初に決めた表現で全体を作り上げてください。その後で、おもしろい表現をポイント的に使えるかどうかを試してみてください。

◯ 第6章での注意事項

　次ページ以降のサンプルに登場する団体 / サービスおよび人物は、すべてサンプル用として準備した架空のものです。本来資料に大事なものは「見た目」ではなく「何をどう伝えるか」ですが、第6章では資料の見え方や説明のため、各内容に適した情報をピックアップして作った資料です。内容や構成は第1章〜第2章を参照して作り込んでください。第6章では、「もしこんな資料だったら？」といった観点の参考にしてください。

Sample 01
サービス紹介

✦ スライド1

✦ スライド2

✦ スライド3

✦ スライド4

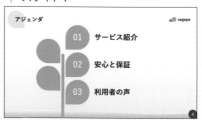

✦ スライド5

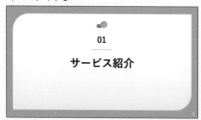

✦ スライド6

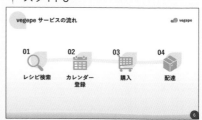

✦ スライド7

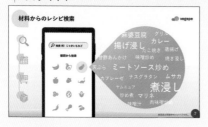

✦ スライド8

✦ スライド9

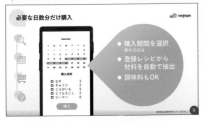

✦ スライド10

✦ スライド11

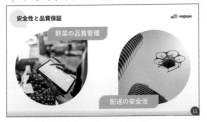

✦ スライド12

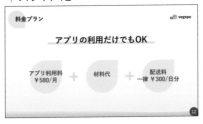

✦ スライド13

✦ スライド14

　Web プレゼンテーションを想定したスライドです。モニター投影を考慮して薄い色やグラデーションで表現。プロジェクター投影の場合は薄い色が見えにくくなるので注意が必要です。図形の「涙形」を葉っぱのように使ったり、緑色で補えない瑞々しさをプラスしたりしています。

○ 図形からはみ出てもいい

　通常のオブジェクトの設定では「文字の折り返し」が設定されているため、文字を入力すると図形内で文字が折り返されます。そのため、そのまま作ると図形が大きくなり、バランスが悪くなってしまいます。

　図形の中に文字が収まらず、バランスが悪いと感じたときは、[図形の書式設定]にある[図形内でテキストを折り返す]をオフにして調整してみましょう。

　作例のように**前後が少し出るぐらいなら何の問題もなくきれいに見せることができます。**

○ 図形で印象を変える

　全体の印象を決めるために、「色」の使い方にこだわる人は多いと思います。ただ、色だけではそれほどバリエーションを出すことはできません。そこで活躍するのが「図形」です。**資料全体を通して同じ図形を繰り返し使う**ことによって、全体の雰囲気を統一させることができます。

　今回の作例では「涙型」を使っていますが、ほかの作例でも共通して出てくる図形があります。どんな図形を使っているのか、注目してみてください。

⭕ 図形の重なりで多彩な表現を作る

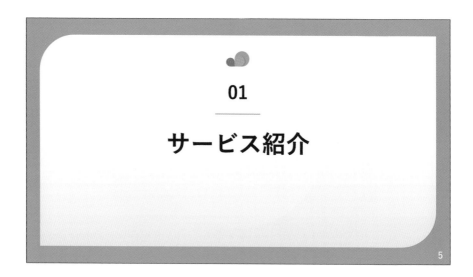

　目次や扉等でほかのスライドとの違いを出すために、スライドに枠をつけることがあります。線や四角い枠を使うのもよいですが、バリエーションが出しにくいのが難点です。そんなときは図形を組み合わせて簡単な枠を作ってみましょう。

　作例では図形の合成などはまったく使わず、緑背景に白い図形を重ねて枠のように見せています。

●背景＋［四角形：対角を丸める］

◯ ほかの図形でこんな枠も

●背景＋［四角形：対角を切り取る］

●背景＋［十字型］

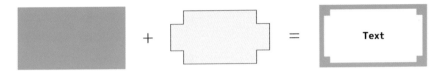

●背景＋［ブローチ］

●背景＋［波線］

会社説明会

✦ スライド1

✦ スライド2

✦ スライド3

✦ スライド4

✦ スライド5

✦ スライド6

✦ スライド7

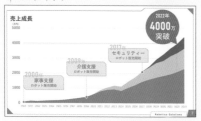

✦ スライド8

✦ スライド9

✦ スライド10

✦ スライド11

✦ スライド12

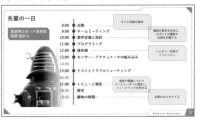

✦ スライド13

✦ スライド14

　配布資料を想定したスライドです。資料請求によるリクルートパンフレットには載っていない、「説明会だけで得られる情報」を盛り込むとさらにいい資料になります。

　読んでもらう資料としては情報量が多いので、説明会で使う場合は「スライドの読み上げ」にならないように注意したいですね。

Chapter 6　全体を整える　魔法を使ったスライド例

⬤　調整ハンドルがある図形は標準で使う

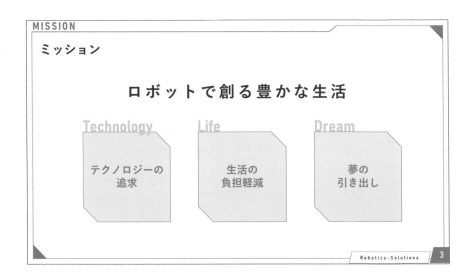

PowerPointにはさまざまな図形があり、中には、黄色い「調整ハンドル」で見た目を調整できる図形があります。微調整ができるので無限にいろいろな形が作れます。しかし、調整はすべて目視なので、2つ以上の図形を後から合わせるのは至難の業です。何度も使うことを想定する場合は、下手に微調整せず、挿入したときのままにしておくと、自然とすべて統一できます。

● 調整ハンドル

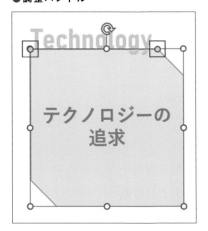

⭕ 調整ハンドルのリセット

　調整ハンドルを動かさないように気をつけていても、うっかり動かしてしまうことがあります。そんなときは、調整ハンドルを目視で元の位置に戻すのではなく、リセットしてしまいましょう。リセットの機能はありませんが、以下の手順でリセットすることができます。

●図形の変更でリセットする

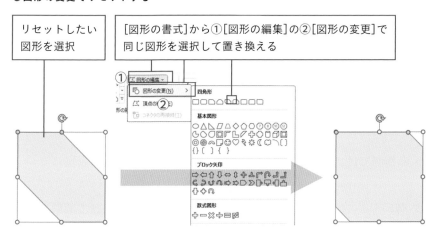

○ タイムラインのコツは等間隔

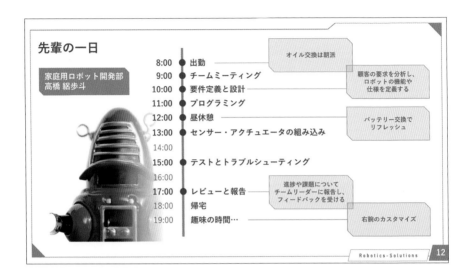

上の作例では、1日のスケジュールをタイムライン形式で表現しています。

タイムラインは頻繁に使う表現です。**時間の長さに合わせて間隔をそろえると、文字を読まずに見ただけでも時間の長さが判断できる**ようになります。

この形を見た目のまま再現しようとすると、時間を記入するテキストボックスや各内容のテキストボックスなど、多くのオブジェクトが必要となり、それらをすべて等間隔に並べるという作業が発生してしまいます。さらに、タイムラインの軸と点を作って合わせて調整して……という作業もあり、時間がかかります。作った後に追加情報が出てきたら、心が折れてしまうかもしれません。

⭕ 等間隔の項目には表を使う

そこで活躍するのが「表」です。特にポイントとなるのが、**タイムラインの点を記号で表現している**というところです。図形で作ることが多いタイムラインの点も表に組み込むことで、時間と内容に位置を合わせる手間を省き、さらに記号を消したり追加したりすることで、自由に変更できるという編集のしやすさも確保しています。

今回の作例では、「時間」「ポイント（●）」「内容」の3列の表と、●の後ろに重なる線の2つのオブジェクトのみで作っています。

●表でタイムラインを作る

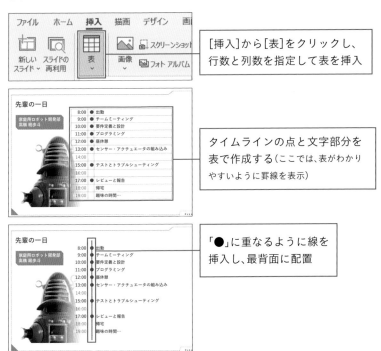

[挿入]から[表]をクリックし、行数と列数を指定して表を挿入

タイムラインの点と文字部分を表で作成する（ここでは、表がわかりやすいように罫線を表示）

「●」に重なるように線を挿入し、最背面に配置

Sample 03
大学説明会

✦ スライド1

✦ スライド2

✦ スライド3

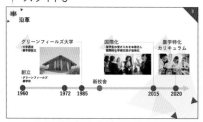

✦ スライド4

✦ スライド5

✦ スライド6

✦ スライド7

✦ スライド8

✦ スライド9

✦ スライド10

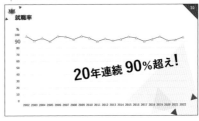

✦ スライド11

✦ スライド12

✦ スライド13

✦ スライド14

　30人以上の広い会場で使い、必要があれば印刷して配布することを想定したスライドです。基本は見やすく大きなテキストを使用します。見せたい画像があるスライドは、背景を黒にして写真に目がいくようにしています。

◯ 部分的に色を変えて目を引く

上の例では、モノクロの画像とカラーの画像を重ねて、一部分だけをカラーのように見せる表現を使っています。

部分的に色を変えることによって、**デザイン的な要素を入れることができると同時に、見てほしい部分を強調する**テクニックとして使えます。

作成するには手間がかかり、編集も容易ではありませんが、表紙や力を入れたいスライドに使うことでインパクトを与え、資料全体を通したときにメリハリを生む効果もあります。

ここぞというときに使うことをおすすめします。

●部分的に色を変える

> 合成する位置を確認してから、[Ctrl]+[D]キーで三角と画像を複製し、2セット用意する

Ctrl + D

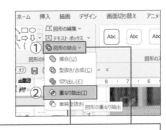

> 画像→図形の順に選択して、[図形の書式]から①[図形の結合]をクリックし、②[図形の重なり抽出]を選択

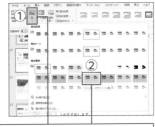

> もう一方の画像を選択し、[図の形式]から①[色]をクリック。その後、②[色の変更]で好みの色を設定(ここでは[ラベンダー、アクセント3(濃)])

 + =

> 重なり順に気をつけながら重ねる

⭕ 画像の効果違いを重ねる

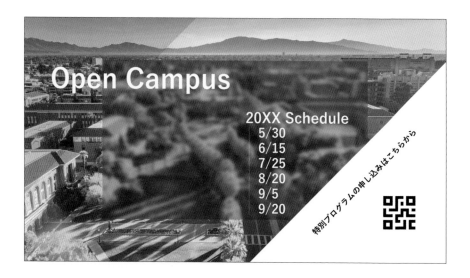

　画像に文字を重ねる方法は、前章で紹介しました。そこからさらにひと手間加えた方法を紹介します。

　PowerPointでできる画像編集の機能を利用すると、トリミングや色の変更に加え、アート効果をつけることができます。このアート効果を活用し、**画像の一部の視認性を下げることで、上に重ねた文字をより読みやすくする**ことができます。

　上の例ではアート効果の「ぼかし」を使っています。一番シンプルで使いやすいので、おすすめの効果です。ほかにもいろいろな効果があるので、実際に試してみるのもよいでしょう。

●アート効果「ぼかし」を使う

同じ画像を2つ用意し、
位置をそろえる

[図の形式]から[トリミング]-[ト
リミング]をクリックし、前面の画
像を好きな形にトリミング

[図の形式]から①[色]をクリックし、②[色の変更]から
トリミングをした画像の色を変更(ここではグレースケール)

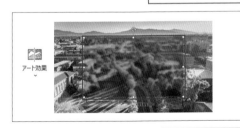

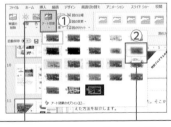

トリミングした画像を選択してから、[図の形式]から
①[アート効果]をクリックし、②[ぼかし]を適用

資料作成講座＆SNS

✦ スライド1

✦ スライド2

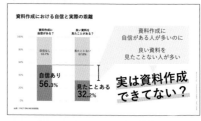

✦ スライド3

✦ スライド4

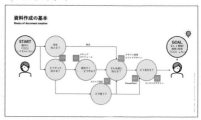

✦ スライド5

✦ スライド6

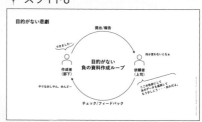

✦ スライド7

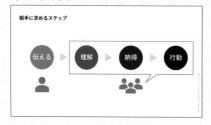

✦ スライド8

✦ スライド9

✦ スライド10

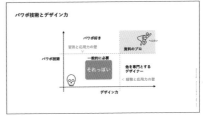

✦ スライド11

✦ スライド12

✦ スライド13

✦ スライド14

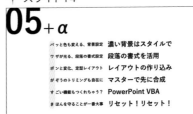

　著者がセミナーや講座で使っている資料の一部と、日々SNSで発信している画像の元データです。読んでもらうSNS用の画像と、話して聞いてもらう講座用と情報量を調整しています。

○ 範囲を示す図形

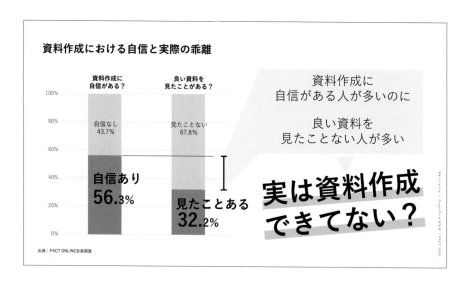

　この作例では、2つのグラフの差を示す図形を使っています。「範囲」を示すこの図形は、スケジュールや箇条書きのグループ化にも使いやすいです。これも、PowerPointにある図形で表現しています。

● 矢印を使って範囲を示す図形を作る

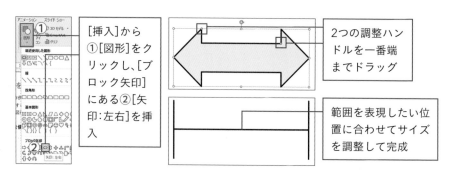

◯ シンプルなカーブ矢印

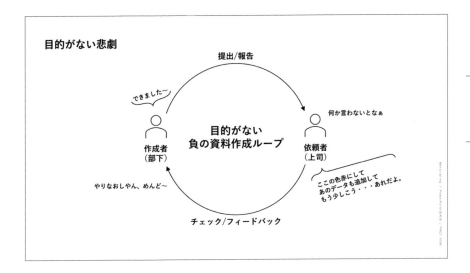

　カーブの矢印を使う場合、PowerPointにある［矢印：下カーブ］という図形を選ぶのが普通です。ですが、なぜかひねりが加えられてきれいな形ではなく「いかにもパワポ」な図形です。幅も広くて調整が難しく、使いづらい図形です。そんなときは、シンプルに表現する図形として［基本図形］にある［円弧］がおすすめです。塗りつぶしをなしにして、線のみにするとシンプルできれいなカーブ矢印を作成できます。

●円弧を使ってきれいなカーブ矢印を作る

⭕ オリジナルパターンで魅せる

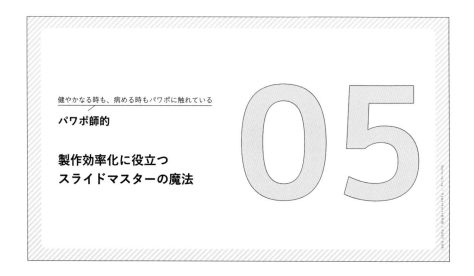

健やかなる時も、病める時もパワポに触れている

パワポ師的

製作効率化に役立つ
スライドマスターの魔法

05

　枠などのパターンは、図形の塗りつぶしで設定できます。しかし、種類は用意されているものの、幅・形の調整や拡大縮小もできないため、うまく使いこなすことは難しいです。上の作例の背景には、自作したパターンを適応させています。**自作パターンはサイズが調整できるので、非常に使いやすい**です。

●オリジナルパターンを適用させる

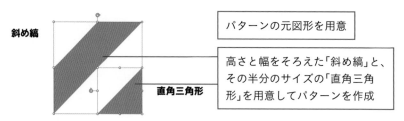

斜め縞

直角三角形

パターンの元図形を用意

高さと幅をそろえた「斜め縞」と、その半分のサイズの「直角三角形」を用意してパターンを作成

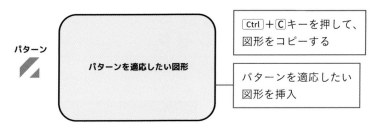

パターン

パターンを適応したい図形

$\boxed{Ctrl}$＋$\boxed{C}$キーを押して、
図形をコピーする

パターンを適応したい
図形を挿入

●挿入した図形の塗りつぶしを設定する

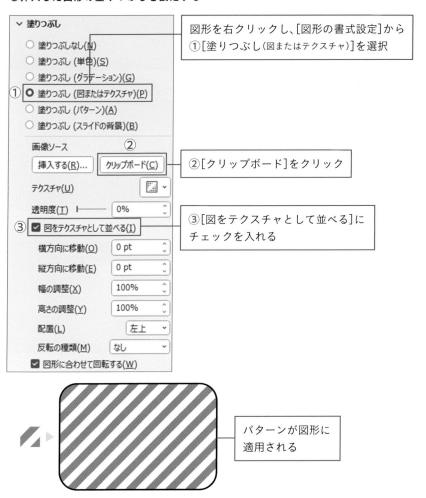

図形を右クリックし、[図形の書式設定]から
①[塗りつぶし(図またはテクスチャ)]を選択

②[クリップボード]をクリック

③[図をテクスチャとして並べる]に
チェックを入れる

パターンが図形に
適用される

企画プレゼン

✦ スライド1

✦ スライド2

✦ スライド3

✦ スライド4

✦ スライド5

✦ スライド6

✦ スライド7

✦ スライド8

✦ スライド9

✦ スライド10

✦ スライド11

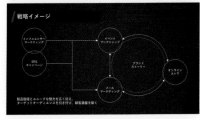

✦ スライド12

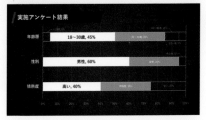

✦ スライド13

✦ スライド14

　会議室で行うプレゼンを想定したスライドです。スタイリッシュな表現にするために、平行四辺形を使用しています。

　背景が黒いスライドはモニターやプロジェクターでは見やすくなりますが、印刷用としては不向きなので注意してください。

⬭ 調整ハンドルを生かした画像の切り抜き

　これまで、画像の切り抜きでは［図形の結合］を使う方法を紹介してきましたが、この方法では調整ハンドルによる調整ができません。しかし、以下の手順でトリミングすると、調整ハンドルを生かしたままトリミングすることが可能です。

●調整ハンドルを生かしたままトリミングする

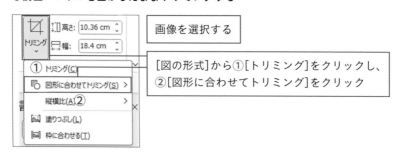

画像を選択する

［図の形式］から①［トリミング］をクリックし、②［図形に合わせてトリミング］をクリック

○ 透明文字で表現の幅を広げる

　図形だけでなく、文字の塗りつぶしにも透明度を設定できます。図形に重ねるなど、飾りとしての表現が広がります。

●透明文字を作る

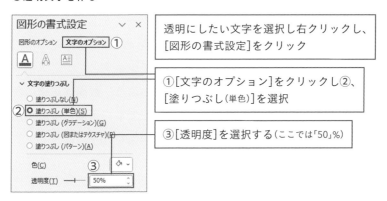

透明にしたい文字を選択し右クリックし、[図形の書式設定]をクリック

①[文字のオプション]をクリックし②、[塗りつぶし(単色)]を選択

③[透明度]を選択する(ここでは「50」%)

○ 複雑なグラフは組み合わせて作る

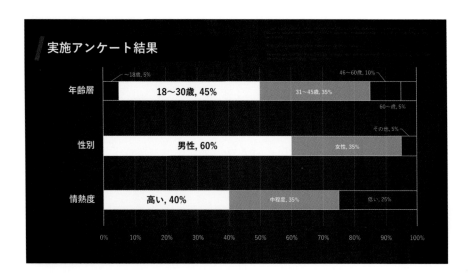

グラフを作成していると、どうしてもグラフ機能だけでは表現できないものがあります。そんなときは、一つのグラフで完結しようとせずに、**複数のグラフを並べて一つのグラフのように見せる**方法もあります。

　上の例にあるグラフでは、一つのグラフで系列名が異なる［100％積み上げ横棒］グラフを作っています。しかし、同じグラフをExcelやグラフ機能で作るのは困難です。一つのグラフのように見えていますが、実は3つのグラフとオブジェクトを組み合わせて表現しています。

　注意点は、**グラフが示す本来の意味が変わらないよう、数値は正確に表現する**ことです。いくら効果的で斬新な表現だとしても、正確に数値が比較されなければグラフとしては失格です。必ず、数値やサイズは正しく表現しましょう。

● 複数のグラフを並べて一つのグラフのように作る

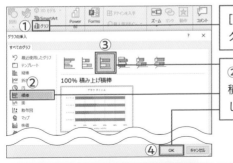

[挿入]から①[グラフ]をクリック

②[横棒]から③[100%積み上げ横棒]を選択し、④[OK]をクリック

基準となる「100%積み上げ横棒」でグラフを作成

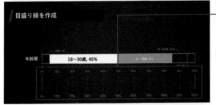

「0%〜100%」の目盛りと軸を作成

スライドワンポイント

必ず、グラフの目盛りと一致させるようにしましょう。

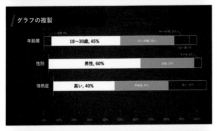

基準グラフの目盛り線を削除した後、グラフを複製して数値を入れ替え

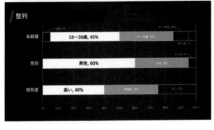

作成した目盛り線とグラフの軸が一致するようにきれいに重ねる

イベントメンバー募集

✦ スライド1

✦ スライド2

✦ スライド3

✦ スライド4

✦ スライド5

✦ スライド6

✦ スライド7

✦ スライド8

✦ スライド9

✦ スライド10

✦ スライド11

✦ スライド12

✦ スライド13

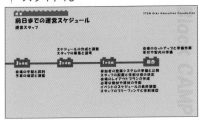

✦ スライド14

　配布を想定したプレゼンテーションスライドです。イベントの楽しさを表現するため、にぎやかな背景を使用しています。背景に占める面積が大きくなるので、情報量が多いスライドは単色で表現しています。

　敬遠されがちな「ポップ体」のフォントをふんだんに使用した、チャレンジングな作例となっています。

◯ 円形テキストでワンポイント

テキストの主な役割は「意味を伝える」ことですが、この資料でも使っているように、小さくしたり薄くしたりすることで装飾的に使うこともできます。さらに表紙では、PowerPointで**文字を円形にする機能を活用し、装飾性を上げた使い方**をしています。

 PowerPointTips

> 円形の文字を上手に使うポイントは、以下の通りです。
>
> ・ 読まれなくてもスライドの意図が通るものにすること
> ・ 短い1文よりも長めの1文にすること
> ・ 文字サイズをギリギリ読めるぐらい小さくすること

●文字を円形にして装飾を作る

[挿入]から①[テキストボックス]
をクリックし、②[横書きテキスト
ボックスの描画]を挿入

任意のテキストを入力

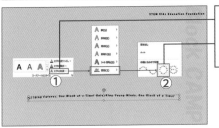

[図形の書式]から①[文字の効果]
をクリックし、[変形]から②[円]を
選択(このままだと少しゆがんだ状態)

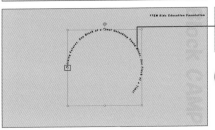

テキストボックスの「高さ」と「幅」を
同じ値にする

🪄 スライドワンポイント

テキストボックスを正方形に
することで、円に沿ったテキ
ストが完成します。

テキストボックスのサイズと位置
を調整し、調整ハンドルの位置で
文字の開始場所を調整して完成

⚪ もこもこ図形の作り方

PowerPointには多くの図形があります。しかし、星形のように先端が尖っている図形はいくつか用意されていますが、花のような角が丸いもこもこした図形はありません。「ないなら作ればいいじゃないか」ということで、簡単に作れる方法を紹介します。いろいろ作ってストックしておくとよいでしょう。

●もこもこ図形を作る

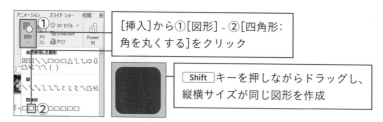

[挿入]から①[図形] - ②[四角形：角を丸くする]をクリック

[Shift]キーを押しながらドラッグし、縦横サイズが同じ図形を作成

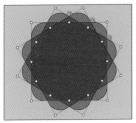

挿入した図形を2つ複製し[図形の書式]から[回転]-[その他の回転オプション]をクリックし、それぞれ[回転]で「30」°と「60」°を指定

すべての画像を選択し、[図形の書式]の[配置]で[左右中央揃え][上下中央揃え]をクリック

[図形の書式]から①[図形の結合]をクリックし、②[図形の接合]をクリック

もこもこ図形が完成

スライドワンポイント

図形の角を小さくしたり、複製の数や角度を変えたりすることで、作成できる図形は無限大になります。

● 角丸を小さくしたり、数を増やしたりしていろいろな表現ができる

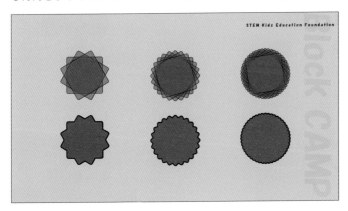

アプリ紹介

✦ スライド1

✦ スライド2

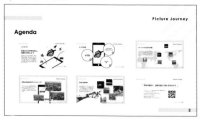

✦ スライド3

✦ スライド4

✦ スライド5

✦ スライド6

✦ スライド7

✦ スライド8

✦ スライド9

✦ スライド10

✦ スライド11

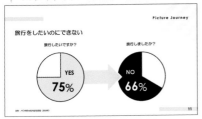

✦ スライド12

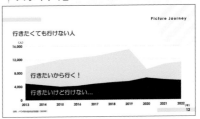

✦ スライド13

✦ スライド14

　PDF化して配布を想定したスライドです。2ページ目以降に進んでもらいやすくするために、表紙に目次を入れて「何が書かれているか」を伝えています。2枚目／4枚目にはリンクを挿入して希望のページに飛べる工夫や、重要なページに枠をつけて目を引く表現を意識しています。

◯ 図形を重ねずに版ズレ風表現

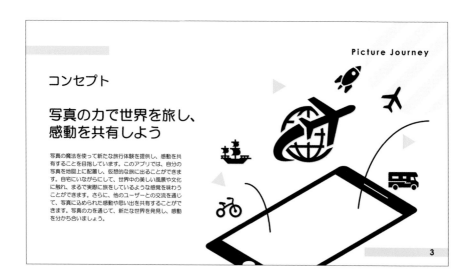

この作例では、アイコンに「版ズレ風」の表現を使っています。1〜2個のアイコンであれば、2つのアイコンを重ねて作ることも可能です。ただし、その作り方だとアイコンごとにズレの距離が違ったり、数が多くなると作成や編集に手間と時間がかかったりしてしまいます。

ここで紹介する版ズレ風は、「影」の機能を使った作り方です。書式コピーで複製できるうえ、アイコンはもちろん、通常の図形やテキストにも応用できる便利な表現です。

 スライドワンポイント

線のアイコンよりも、塗りつぶしのアイコンのほうがきれいな表現になります。

●版ズレ風の表現を作る

[挿入]から[アイコン]をクリック

[アイコン]から①任意のアイコンを選択し、②[挿入]をクリック

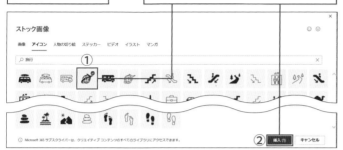

 スライドワンポイント

アイコンを探すときは、検索ボックスに「旅行」「猫」などのキーワードを入力します。

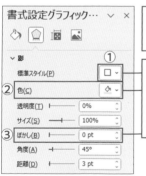

図を右クリックし、[図の書式設定]をクリック

以下の方法で影を設定
①[標準スタイル]は[外側]の[オフセット：右下]
②[色]は[アクセントカラー]（ここでは黄色）
③[ぼかし]は「0」pt（距離はサイズにより調整）

版ズレ風表現が完成

⬤ 話に合わせて好きなスライドにリンク

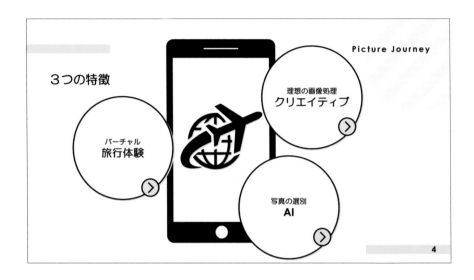

　PowerPointを使ってプレゼンテーションをするとき、普通はスライドの順に話を進めていきます。一方で、聞き手とコミュニケーションをとりながらプレゼンテーションを進めると、相手の聞きたいことを話せたり、印象に残せたりできます。

　プレゼンテーションモードでスライドを次のスライド以外に進める場合は、数字キー＋ Enter キーを押すと移動できますが、スライドの番号を覚えておく必要があります。そんなときに役立つのが「リンク機能」です。

　図形を挿入して、あらかじめリンクを設定しておけば必要なスライドに飛ぶことができます。

　このリンク機能はPDFに書き出しても残るので、配布したPDFを見ている人が希望のページに進めるという便利な機能として使えます。

●スライドにリンクを入れる

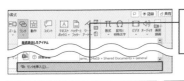

[挿入]から[リンク]をクリックし、
[リンクを挿入]をクリック

①[このドキュメント内]を
クリック

[スライドタイトル]内の②リンク先に設定したい
スライドを選択し、③[OK]をクリック

●リンク先の設定例

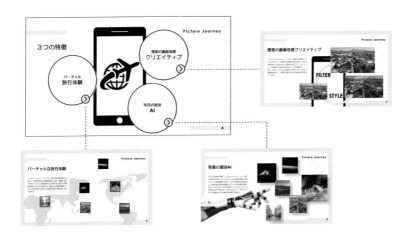

サービス紹介

✦ スライド1

✦ スライド2

✦ スライド3

✦ スライド4

✦ スライド5

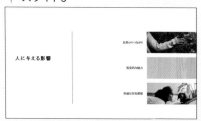

✦ スライド6

✦ スライド7

✦ スライド8

✦ スライド9

✦ スライド10

✦ スライド11

✦ スライド12

✦ スライド13

✦ スライド14

　印刷して軽い読み物のように使うことを想定したスライドです。読む専用として、文字は小さくしています。扉（5枚目／9枚目）には、章タイトルだけでなく章内の目次を入れて、必要な部分を読み進めてもらうことを意識しています。

◯ 影背景で資料に奥行きを

　この作例では、資料全体に「植物の影のようなもの」を入れて雰囲気を出しています。部分的に入れることでスライドに奥行きや、やさしい自然な雰囲気を出すことができます。この影も外部サイトから持ってきたものではなく、PowerPointから挿入できる素材を編集して作っています。

●影のような背景を作る

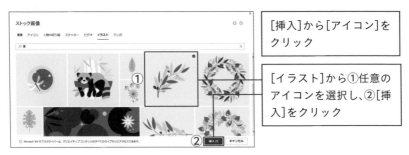

[挿入]から[アイコン]をクリック

[イラスト]から①任意のアイコンを選択し、②[挿入]をクリック

[グラフィックス形式]から[図形に変換]で図形に変換

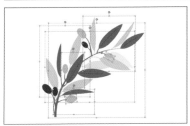

図形に変換される

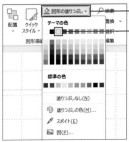

[図形の塗りつぶし]から塗りつぶしを任意の色に設定
（ここでは薄い灰色）

図を右クリックし、[図の書式設定]をクリック

[効果]から[光彩]をクリックし、以下のように設定
①[色]は[薄い灰色]（塗りつぶしと同じ色）
②[透明度]は「0」%

Chapter 6　全体を整える　魔法を使ったスライド例

295

⭕ 使い道がないアレで人物シルエット

人物シルエットは、資料の表現として非常に使いやすい素材です。た だ、PowerPointから挿入できる人物シルエットはアイコンしかなく、素材 サイトから探せたとしても、編集できないなど結構な手間がかかります。

　しかし、PowerPointから挿入できる素材の中で非常に使いにくい（と著 者が思っている）「人物の切り絵」を編集し、人物シルエットを作成できます。

●人物シルエットを作る

[挿入]から[アイコン]をクリック

[人物の切り絵]から①任意 の画像を選択し、②[挿入] をクリック

[図の形式]から①[修整]をクリックし、[明るさ/コントラスト]の
②左上(明るさ:-40% コントラスト:-40%)を選択

[図の形式]から①[色]をクリックし、[色の変更]から②[白黒:75％]を選択

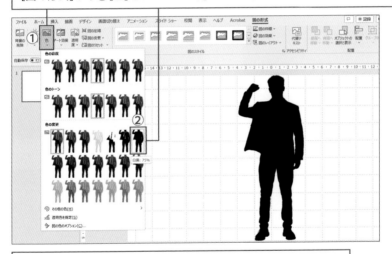

[図の形式]から①[透明度]をクリックし、②[透明度:80％]を選択

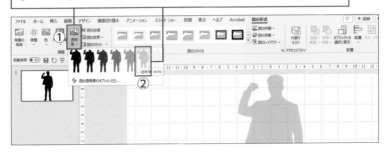

Sample 09
商品リリース

✦ スライド1

✦ スライド2

✦ スライド3
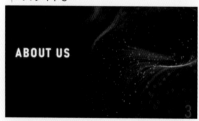

✦ スライド4

✦ スライド5

✦ スライド6

✦ スライド7

✦ スライド8

✦ スライド9

✦ スライド10

✦ スライド11

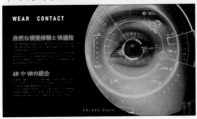

✦ スライド12

✦ スライド13

✦ スライド14

　未来感を意識したプレゼン資料です。光彩や影を駆使して、「光っている風」の表現で雰囲気を出しています。タイトルや見出しにほかと違う表現をすることで、注目させることを意識しています。

○ 文字が光っているように見せる

　黒背景のときに文字を「光っている風」に表現すると、ちょっとスライドの見た目を引き締めてくれます。ただしスライド全体に使うと文字の視認性が悪くなりくどくなるので、タイトルや見出しなど強調したい部分に使うことをおすすめします。

　また、文字サイズにより設定値を調整する必要があるので、使いすぎて制作に時間がかからないよう、ここぞというときに使ってみましょう。

●光らせる前の状態

光っている文字の作り方

光らせたい文字を挿入する

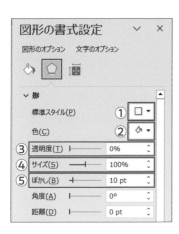

文字を右クリックし、[図形の書式設定]を
クリック

[効果]をクリックして、以下のように[影]を設定
①[標準スタイル]は[外側]の[オフセット：中央]
②[色]は[白]
③[透明度]は「0」%
④[サイズ]は「100」%
⑤[ぼかし]はフォントサイズにより調整（ここで
　　は「10」pt）

●ちょっと光っている文字

> # 光っている文字の作り方

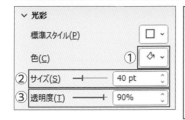

同様に、[図形の書式設定]から以下のように[光
彩]を設定
①[色]は[白]
②[サイズ]はフォントサイズにより調整（ここで
　　は「40」pt）
③[透明度]は「90」%

●光っている文字

> # 光っている文字の作り方

◯ 外部リンクを埋め込む

資料の締めとして、ホームページ等への誘導をすることがあります。
Sample 07でも紹介したリンク機能を使えば、外部リンクを埋め込むことができます。資料を見ている人の次のアクションに負担をかけない仕組みを作ってみましょう。

●外部リンクを埋め込む

リンクを挿入したい
図形を選択

[挿入]から①[リンク]を
クリックし、②[リンクの
挿入]をクリック

[アドレス]に①リンク先のURLを入力し、②[OK]をクリック

著者プロフィール

堀 裕紀（ほり・ゆうき）

1985年京都府生まれ。コンプレックスである「話下手」を克服するために資料作成を自身の経験を元に「資料術」として展開。シンプルで早く作る資料術を「資料作成で悩む人たち」に向けてTwitter等で情報発信中。

建材メーカーの開発職から2022年、プレゼン資料デザイナーとして活動を本格化。プレゼン製作所に加入しフリーランスとしても資料製作・PowerPoint講座などを行っている。

趣味がPowerPointになってしまった、子煩悩な2児のパパ。

STAFF

ブックデザイン	沢田幸平（happeace）
編集・DTP・校正	株式会社トップスタジオ
デザイン制作室	今津幸弘
デスク	渡辺彩子
編集長	柳沼俊宏

本書のご感想をぜひお寄せください

https://book.impress.co.jp/books/1122101187

読者登録サービス
CLUB impress

アンケート回答者の中から、抽選で図書カード（1,000円分）などを毎月プレゼント。
当選者の発表は賞品の発送をもって代えさせていただきます。
※プレゼントの賞品は変更になる場合があります。

■商品に関する問い合わせ先

このたびは弊社商品をご購入いただきありがとうございます。本書の内容などに関するお問い合わせは、下記のURL
または二次元バーコードにある問い合わせフォームからお送りください。

https://book.impress.co.jp/info/

上記フォームがご利用いただけない場合のメールでの問い合わせ先
info@impress.co.jp
※お問い合わせの際は、書名、ISBN、お名前、お電話番号、メールアドレス に加えて、「該当するページ」と「具体的な
ご質問内容」「お使いの動作環境」を必ずご明記ください。なお、本書の範囲を超えるご質問にはお答えできないの
でご了承ください。

●電話やFAX でのご質問には対応しておりません。また、封書でのお問い合わせは回答までに日数をいただく場合があり
ます。あらかじめご了承ください。
●インプレスブックスの本書情報ページ https://book.impress.co.jp/books/1122101187 では、本書のサポート
情報や正誤表・訂正情報などを提供しています。あわせてご確認ください。
●本書の奥付に記載されている初版発行日から3年が経過した場合、もしくは本書で紹介している製品やサービスにつ
いて提供会社によるサポートが終了した場合はご質問にお答えできない場合があります。

■落丁・乱丁本などの問い合わせ先
FAX 03-6837-5023
service@impress.co.jp
※古書店で購入された商品はお取り替えできません。

パワポ師直伝 資料デザインの魔法
素早く作り、正しく伝える

2023年11月21日 初版発行

著者 堀 裕紀
発行人 高橋隆志
発行所 株式会社インプレス
〒101-0051 東京都千代田区神田神保町一丁目105番地
ホームページ https://book.impress.co.jp/

Copyright © 2023 Yuki Hori. All rights reserved.
印刷所 株式会社 暁印刷
ISBN 978-4-295-01780-6 C3055
Printed in Japan